# 과학공화국
## 수학법정

**2**
수와 연산

과학공화국 수학법정 2
수와 연산

ⓒ 정완상, 2006

초판  1쇄 인쇄일 | 2006년 12월 16일
초판 23쇄 발행일 | 2023년 5월 1일

지은이 | 정완상
펴낸이 | 정은영
펴낸곳 | (주)자음과모음

출판등록 | 2001년 11월 28일 제2001-000259호
주소 | 10881 경기도 파주시 회동길 325-20
전화 | 편집부 (02)324-2347, 총무부 (02)325-6047
팩스 | 편집부 (02)324-2348, 총무부 (02)2648-1311
e-mail | jamoteen@jamobook.com

ISBN 978-89-544-1381-7 (04410)

# 과학공화국
# 수학법정

정완상(국립 경상대학교 교수) 지음

2
수와 연산

|주|자음과모음

# 생활 속에서 배우는
# 기상천외한 수학 수업

수학과 법정, 이 두 가지는 전혀 어울리지 않는 소재입니다. 그리고 여러분에게 제일 어렵게 느껴지는 말들이기도 하지요. 그럼에도 불구하고 이 책의 제목에는 분명 '수학법정'이라는 말이 들어 있습니다. 그렇다고 이 책의 내용이 아주 어려울 거라고는 생각하지 마세요. 저는 법률과는 무관한 기초과학을 공부하는 사람입니다. 그런데도 법정이라고 제목을 붙인 데에는 이유가 있습니다.

또한 독자들은 왜 물리학 교수가 수학과 관련된 책을 쓰는지 궁금해 할지도 모릅니다. 하지만 저는 대학과 KAIST 시절 동안 과외를 통해 수학을 가르쳤습니다. 그러면서 어린이들이 수학의 기본 개념을 잘 이해하지 못해 수학에 대한 자신감을 잃었다는 것을 알았습니다. 그리고 또 중·고등학교에서 수학을 잘하려면 초등학교 때부터 수학의 기초가 잡혀 있어야 한다는 것을 알아냈습니다. 이 책은 주 대상이 초등학생입니다. 그리고 많은 내용을 초등학교 과정에서 발췌하였습니다.

그럼 왜 수학 얘기를 하는데 법정이라는 말을 썼을까요? 그것은 최근에 〈솔로몬의 선택〉을 비롯한 많은 텔레비전 프로에서 재미있는 사건을 소개하면서 우리들에게 법률에 대한 지식을 쉽게 알려 주기 때문입니다.

그래서 수학의 개념을 딱딱하지 않게 어린이들에게 소개하고자 법정을 통한 재판 과정을 도입하였습니다. 물론 첫 시도이기 때문에 어색한 점도 있지만 독자들이 아주 쉽게 수학의 기본 개념을 정복할 수 있을 것이라고 생각합니다.

여러분은 이 책을 재미있게 읽으면서 생활 속에서 수학을 쉽게 적용할 수 있을 것입니다. 그러니까 이 책은 수학을 왜 공부해야 하는가를 알려 준다고 볼 수 있지요.

수학은 가장 논리적인 학문입니다. 그러므로 수학법정의 재판 과정을 통해 여러분은 수학의 논리와 수학의 정확성을 알게 될 것입니다. 이 책을 통해 어렵다고만 생각했던 수학이 쉽고 재미있다는 걸 느낄 수 있길 바랍니다.

물론 이 책은 초등학교 대상이지만 만일 기회가 닿으면 중·고등학교 수준의 좀 더 일상생활과 관계있는 책도 쓰고 싶습니다.

끝으로 과학공화국이라는 타이틀로 여러 권의 책을 쓸 수 있게 배려해 주신 (주)자음과모음의 강병철 사장님과 모든 식구에게 감사를 드리며 힘든 작업을 마다하지 않고 함께 작업을 해 준 이나리, 조민경, 김미영, 윤소연, 정황희, 도시은, 손소희 양에게도 진심으로 감사를 드립니다.

진주에서
정완상

| 차례 |

# 수학법정의 탄생

과학공화국이라고 부르는 나라가 있었다. 이 나라에는 과학을 좋아하는 사람들이 모여 살았다. 인근에는 음악을 사랑하는 사람들이 살고 있는 뮤지오 왕국과 미술을 사랑하는 사람들이 사는 아티오 왕국, 공업을 장려하는 공업공화국 등 여러 나라가 있었다.

과학공화국에 사는 사람들은 다른 나라 사람들에 비해 과학을 좋아했다. 어떤 사람들은 물리를 좋아했고, 또 어떤 사람들은 생물을 좋아했지만 반면 과학보다 수학을 좋아하는 사람들도 있었다.

특히 다른 모든 과학의 원리를 논리적으로 정확하게 설명하기 위해 필요한 수학의 경우, 과학공화국의 명성에 맞지 않게 국민들의 수준이 그리 높은 편이 아니었다. 그리하여 공업공화국의 아이들과 과학공화국의 아이들이 수학 시험을 치르면 오히려 공업공화국 아이들의 점수가 더 높을 정도였다.

특히 최근 공화국 전체에 인터넷이 급속히 퍼지면서 게임에 중독된 과학공화국 아이들의 수학 실력은 기준 이하로 떨어졌다. 그러다 보니 자연 수학 과외나 학원이 성행하게 되었고, 그런 와중에 아이들에게 엉터리 수학을 가르치는 무자격 교사들이 우후죽순으로 나타나기 시작했다.

일상생활을 하다 보면 수학과 관련한 여러 가지 문제에 부딪히게 되는데, 과학공화국 국민들의 수학에 대한 이해가 떨어져 곳곳에서 수학적인 문제로 분쟁이 끊이지 않았다. 그리하여 과학공화국의 박과학 대통령은 장관들과 이 문제를 논의하기 위해 회의를 열었다.

"최근 들어 잦아진 수학 분쟁을 어떻게 처리하면 좋겠소?"

대통령이 힘없이 말을 꺼냈다.

"헌법에 수학적인 조항을 좀 추가하면 어떨까요?"

법무부 장관이 자신 있게 말했다.

"좀 약하지 않을까?"

대통령이 못마땅한 듯이 대답했다.

"그럼 수학적인 문제만을 대상으로 판결을 내리는 새로운 법정을 만들면 어떨까요?"

수학부 장관이 말했다.

"바로 그거야. 과학공화국답게 그런 법정이 있어야지. 그래! 수학법정을 만들면 되는 거야. 그리고 그 법정에서 다룬 판례들을 신문에 게재하면 사람들은 더 이상 다투지 않고, 시시비비를 가릴 수 있게 되겠지."

대통령은 환하게 웃으며 흡족해했다.

"그럼 국회에서 새로운 수학법을 만들어야 하지 않습니까?"

법무부 장관이 약간 불만족스러운 듯한 표정으로 말했다.

"수학은 가장 논리적인 학문입니다. 누가 풀든 같은 문제에 대해서는 같은 정답이 나오는 것이 수학입니다. 그러므로 수학법정에서는 새로운 법을 만들 필요가 없습니다. 혹시 새로운 수학이 나온다면 모를까……."

수학부 장관이 법무부 장관의 말에 반박했다.

"그래, 나도 수학을 좋아하지만 어떤 방법으로 풀든 답은 같았어."

대통령은 수학법정 건립을 확정 지었고, 이렇게 해서 과학공화국에는 수학과 관련된 문제를 판결하는 수학법정이 만들어지게 되었다.

초대 수학법정의 판사는 수학에 대한 많은 연구를 하고 책도 많이 쓴 수학짱 박사가 맡게 되었다. 그리고 두 명의 변호사를 선발했는데 한 사람은 수학과를 졸업했지만 수학에 대해 그리 잘 알지 못하는 수치라는 이름을 가진 40대 남성이었고, 다른 한 변호사는 어릴 때부터 수학경시대회에서 대상을 놓치지 않았던 수학 천재, 매쓰였다.

이렇게 해서 과학공화국 사람들 사이에서 벌어지는 수학과 관련된 많은 사건들은 수학법정의 판결을 통해 깨끗하게 해결될 수 있었다.

# 수에 관한 사건

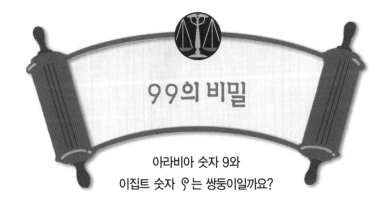

# 99의 비밀

아라비아 숫자 9와
이집트 숫자 ୨는 쌍둥이일까요?

**사건
속으로**

　과학공화국의 매쓰로지아 대학에는 고대 숫자 연구로 유명한 이메로 박사가 있었다. 40대 중반인 그는 전 세계를 돌아다니면서 고대 숫자의 흔적을 찾아다녔다. 그러던 어느 날 그는 이집트에 사는 한 친구로부터 초청을 받게 됐다.

　이집트의 오래된 수에 능통한 이메로 박사는 이집트에 도착하자마자 친구 살람과 함께 피라미드를 방문했다. 그는 피라미드에 쓰인 많은 숫자들을 디지털 카메라로

찍어 두었다.

이메로 박사와 살람은 카이로에 위치한 커다란 호텔에서 머물렀다.

호텔은 스핑크스를 본떠 만든 대규모 호텔로 객실이 300개가 넘었다.

"정말 웅장하군!"

이메로 박사가 감탄스런 표정을 지었다.

"이 호텔엔 전 세계의 저명한 많은 학자들이 온다네. 하긴 자네도 유명한 학자이지만……."

살람은 웃으며 말했다.

"그런데 말이야, 이 호텔은 어떤 숫자를 사용하고 있지?"

이메로 박사가 물었다.

"당연히 아라비아 숫자를 사용하지."

살람은 간결하게 대답했다.

"이집트 숫자는 사용을 안 한단 말이지?"

이메로 박사가 물었다.

"그건 너무 불편하지 않나?"

살람이 별 생각 없이 말했다.

이렇게 해서 이메로 박사는 몇 달 동안 호텔에 머물면서 이집트의 오래된 숫자에 관해 연구했다. 그러는 동안 이메로 박사는 호텔에 투숙하고 있는 많은 학자들과 친하게 지내게 되었다.

그러던 어느 날, 볼일이 있어 잠시 외출을 하고 돌아온 살람이 호

텔 방으로 들어가자마자 비명을 질렀다. 이메로 박사가 숨진 채 발견
됐기 때문이다.

살람은 곧바로 경찰에 연락했고 현장에 도착한 경찰은 이메로 박
사의 시신 옆에 9자 모양으로 된 두 개의 국수가 놓여 있는 것을 발견
했다. 이 때문에 경찰은 이메로 박사가 죽으면서 범인으로 99호에 있
는 사람을 지목한 것이 아닐까 하는 의심을 하게 되었다.

우연의 일치인지는 몰라도 마침 99호에 머무르고 있던 사람은 이
메로 박사와 함께 이집트 수 연구에 있어 쌍벽을 이뤘던, 라이벌 수
학자 고루키 박사였다. 경찰은 고루키 박사가 이메로 박사의 연구 결
과를 빼앗기 위해 이메로 박사를 살해했다고 단정하고는 그를 수학
법정에 고발 조치했다.

그리하여 이 사건은 수학법정에서 다루어졌다.

숫자에는 아라비아 숫자 말고도 다양한 것들이 있습니다.
로마 숫자, 바빌로니아 숫자, 이집트 숫자 등이 있지요. 하지만 아라비아 숫자가
다른 숫자에 비해 보다 편리하기 때문에 세계 공용의 숫자로 쓰고 있답니다.

고루키 박사가 과연 범인일까요? 수학법정에서 알아봅시다.

 이메로 박사의 살인 사건에 대한 재판을 시작합니다. 우선 검사 측의 주장을 듣겠습니다.

  저는 과학공화국 수학 검사인 예리수 검사입니다. 모든 살인 사건에서 가장 주목해야 할 점은 바로 살인 동기입니다. 이메로 박사는 이집트 수 연구에 관한 한 세계적인 권위자입니다. 이번 사건의 유력한 용의자인 고루키 박사도 이메로 박사와 쌍벽을 이루는 실력을 지니긴 했으나, 그는 항상 이메로 박사의 그늘에 가려진 2인자였습니다. 그런 이유에서 고루키 박사는 이메로 박사를 살해한 뒤 그의 연구 결과를 마치 자신의 것인 양 빼돌리려고 한 것입니다. 이집트 수에 관한 한 최고가 되고 싶은 야심 때문이었겠죠.

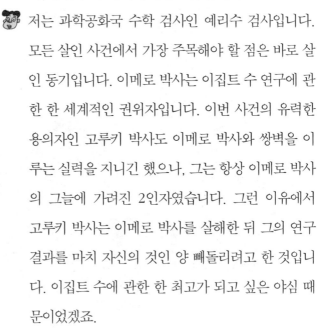 이의 있습니다. 판사님.

말씀하세요.

지금 예리수 검사는 구체적인 증거도 없이 멋대로 소설을 쓰고 있습니다.

증거가 없다니요?

도대체 어떤 증거가 있다는 거죠?

🐼 이메로 씨의 살해 현장에서 그가 죽어 가면서 만든 것으로 추정
되는 9자 모양으로 된 두 개의 국수가 발견됐습니다. 이것은 이
메로 씨가 99호에 묵고 있는 사람이 자신을 살해했다는 것을 알
리기 위한 신호로 봐야 하지 않을까요?

😀 꼭 그렇게 단정 지을 수는 없지요. 판사님, 이메로 박사의 조수
였으며 이집트 수에 관해 연구하는 이지특 군을 증인으로 요청
합니다.

샤프해 보이는 외모에 검은 테의 두꺼운 안경을 쓴 젊은이가 증인
석에 앉았다.

😀 증인은 이메로 박사의 연구를 돕던 조수이지요?

🐺 네, 3년째 박사님 곁에서 일했습니다.

😀 평소 박사님께서 아라비아 숫자를 자주 사용하셨습니까?

🐺 그렇지 않습니다. 최근 몇 년 동안 박사님은 이집트 숫자에 미
쳐 있어 모든 숫자를 이집트 숫자로 쓰셨습니다.

매쓰 변호사는 오래된 수첩 하나를 판사에게 건네주었다.

😀 그 수첩은 이메로 박사가 죽기 전까지 사용했던 전화번호부입
니다.

🧑 무슨 전화번호부에 숫자가 없지?

🧑 판사님이 보고 계신 게 바로 숫자입니다.

🧑 이게 숫자라고요?

🧑 그렇습니다. 이집트 숫자지요.

🧑 정말 요상하게 생긴 숫자도 다 있군! 계속하시오.

🧑 판사님이 보신 것처럼 이메로 박사가 모든 수를 이집트 숫자로 적기 시작한 지가 벌써 3년째입니다. 따라서 죽어 가던 그가 국수를 이용해 아라비아 숫자로 99를 만들었다는 검사 측의 주장은 도무지 이해가 되지 않습니다.


매쓰 변호사는 이지특 군을 쏘아보았다.


🧑 증인! 이집트 숫자 중에 아라비아 숫자 9와 비슷하게 생긴 게 있습니까?

🧑 이집트 숫자 100은 아라비아 숫자 9와 비슷하게 생겼습니다.

🧑 고맙습니다. 증인이 말한 것을 토대로 그동안 이메로 박사가 이집트 숫자에 중독된 점을 고려해 봤을 때 박사가 죽으면서 남긴 숫자는 99가 아니라 이집트 숫자 100이 두 개 겹쳐진 것입니다. 따라서 숫자 99는 200을 의미합니다. 즉 박사는 200호에 사는 사람이 자신을 죽인 살해범이라는 사실을 알리려고 했던 것입니다.

검사는 당장 200호에 투숙하는 사람을 잡아 오세요. 99호의 고루키 박사는 무죄입니다. 이 재판은 더 이상 아무 의미가 없군요. 삐리리한 검사 때문에 시간만 낭비했어요. 검사! 앞으로 조심하세요. 난 바쁜 판사예요.

이렇게 해서 재판은 끝이 났다. 재판이 끝난 후 경찰은 200호에 머물고 있는 테리스라는 젊은이를 체포했고 그의 방에서 이메로 박사의 최근 연구 노트들이 발견됐다. 테리스는 원래 새로운 연구 결과를 훔쳐 다른 연구자에게 파는 사람이었는데 이메로 박사가 남긴 '국수암호' 때문에 덜미를 잡히고 만 것이다.

# 세기의 진실

모든 한 세기는 과연 100년일까요?

**사건
속으로**

　과학공화국 넘버 시티에 사는 이세기 씨는 초등학교에 다니는 아들과 단둘이 살고 있다. 그의 아들인 이세일 군은 수학을 너무나 좋아하지만 그리 빼어난 실력은 아니었다. 이세기 씨는 아들과 함께 수학 퍼즐을 푸는 것을 좋아했다. 이러한 생활 습관 덕분에 이군의 수학 실력도 나날이 향상되어 갔다.

　이씨는 어느 날 아들과 함께 거실에서 텔레비전을 보고 있었다. 마침 텔레비전에서는 '수학 퀴즈쇼'라는 신설 프로그램이 방영되고 있었다.

이씨는 아들과 함께 수학 퀴즈쇼에 나오는 문제들을 차례로 맞춰 보며 열심히 시청했다.

"아빠, 저도 저 프로에 나가고 싶어요."

아들이 불쑥 얘기를 꺼냈다.

"그거 참 좋은 생각이다. 우리 부자의 수학 실력을 전 국민에게 알릴 수 있는 좋은 기회야."

이씨는 흥분된 목소리로 말했다. 그러고는 수학 퀴즈쇼의 참가를 위해 인터넷을 통해 신청을 했다. 물론 팀 구성은 아들과 함께였고, 팀명도 부자팀이었다. 신설 프로인 관계로 참가 희망자가 그리 많지 않아 이씨 부자는 금방 수학 퀴즈쇼에 출연할 수 있게 되었다.

이씨 부자는 예선부터 승승장구했고, 마침내 대망의 결승전까지 올랐다. 부자팀이 결승전에서 맞붙게 될 상대는 수학 교수인 엄마와 수학 박사인 딸로 구성된 모녀팀이었다.

드디어 다가온 부자팀과 모녀팀의 결승전. 마지막 한 문제를 남기고 부자팀이 10점을 앞서 갔지만, 마지막 문제가 20점짜리였으므로 결국 이 문제를 맞히는 팀이 우승이었다.

"마지막 문제를 내겠습니다. 한 세기는 몇 년일까요?"

사회자가 두 팀을 번갈아 보며 말했다.

'삐익……'

모녀팀의 버저 소리가 울렸다.

"100년입니다."

모녀팀의 딸이 대답했다.

'딩동댕…….'

사회자는 실로폰 소리와 함께 모녀팀의 우승을 선언했다. 하지만 이씨는 모든 세기가 100년인 것은 아니라면서 문제가 잘못되었으므로 재대결을 해야 한다고 주장했다. 그러나 방송국에서는 이씨의 주장을 무시했고, 결국 그는 방송국을 수학법정에 고소하기에 이르렀다.

하나의 명제가 모든 경우에 있어 예외 없이 성립해야만 그 명제는 '참'이 됩니다. 1세기는 1 ~ 99년까지로 99년이므로 모든 한 세기는 100년이라는 명제는 '거짓'인 것이지요.

모든 한 세기는 100년일까요? 수학법정에서 알아봅시다.

수학짱 판사

예리수 검사

수치 변호사

매쓰 변호사

재판을 시작합니다. 피고 측 변호사 변론하세요.

정말 한심한 사건이 아닐 수 없습니다. 한 세기가 100년이라는 것은 어린아이들도 다 아는 내용입니다. 그런데 이름도 세기인 원고가 그 사실을 모른다니…… 정말 이름이 아깝습니다. 차라리 이름을 바꾸시지요?

피고 측 변호사는 지금 원고를 모욕하는 발언을 하고 있습니다.

인정합니다. 피고 측 변호사, 그러다가 당신이 패소하면 어쩌려고 그럽니까? 그건 당신을 두 번 죽이는 일이에요. 그러니까 재판이 끝날 때까지는 좀 신중하게 행동해 주세요. 제발 인신공격 좀 하지 말고…….

알겠습니다.

그럼 원고 측 변론하세요.

참과 거짓을 구별할 수 있는 문장을 수학에서는 명제라고 부릅니다. 그런데 하나의 명제가 모든 경우에 있어 예외 없이 성립해야만 그 명제는 참이 될 수 있습니다. 예를 들면 '여자는 머리가 길다'라는 명제는 참이 아닙니다. 왜냐하면 머리를 박박 밀어 버린 여자도 있으니까요.

요점만 말하세요. 매쓰 변호사.

알겠습니다. 11세기는 1000년부터 1099년까지입니다. 따라서 100년이지요. 12세기도 1100년부터 1199년까지이므로 역시 100년입니다.

그래서 뭐요? 그럼 한 세기가 100년이라는 거요? 아니라는 거요?

판사님! 성질이 너무 급하시네요. 그리고 지금은 제 변론 시간입니다. 제발 좀 끼어들지 마세요.

알았어요.

그런데 예외가 있습니다. 판사님, 서기 0년이 있습니까?

없지!

그렇습니다. 과거에는 0이라는 숫자가 없었기 때문에 서기 1년부터 시작되었습니다. 그렇다면 1세기는 1년부터 99년까지이므로 1세기는 100년이 아니라 99년이 됩니다.

그렇군요.

또, 또 끼어드십니다. 아무튼 '한 세기가 몇 년인가' 처럼 그 답에 예외가 있는 문제는 성립될 수 없다는 것이 저의 주장입니다. 만일 '1세기를 제외한 다른 세기는 몇 년입니까?' 라는 문제였다면 인정하겠지만 그러한 예외 조항 없이 던져진 문제이기 때문에 재판 결과에 승복할 수 없습니다. 이 문제의 정답은 100년 또는 99년이 되어야 맞습니다.

이해가 갑니다. 이번 사건은 모든 세기가 예외 없이 100년일 것이라고 착각한 방송국 측의 실수인 것으로 인정합니다. 그러므로 결승전의 마지막 문제는 무효로 하고 방송국 측에서 다른 문제를 출제하여 재대결을 벌이는 것으로 판결하겠습니다.

재판 후 두 팀은 재대결을 펼쳤고 결국 부자팀의 승리로 끝이 났다. 부자팀은 재대결에서 패해 낙담한 모녀팀에게 우승 상금의 절반을 나누어 주었다. 이후 부자팀은 수학 퀴즈쇼에서 5주 연속 우승을 했고 그해 최고의 퀴즈 왕이 되었다.

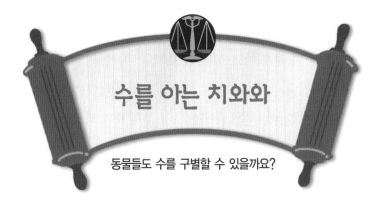

# 수를 아는 치와와

**동물들도 수를 구별할 수 있을까요?**

　　강아조 씨는 애완견 조련사이다. 그는 최근에 순종 치와와를 구입했는데 치와와의 눈이 너무 맑은 나머지 어떤 때는 사람의 눈처럼 보이기도 했다. 강아조 씨는 이럴 때마다 당황스러움을 느꼈다.

　　그러던 어느 날. 치와와에게 먹이를 주던 강씨가 갑자기 '탁' 하고 무릎을 쳤다.

　　"혹……시, 강아지도 수를 아는 건 아닐까?"

　　강씨는 그날부터 치와와에게 수를 가르쳤다. 그가 치

와와에게 수를 가르치는 방법은 간단했다.

치와와에게 뼈다귀 하나를 보여 준 뒤 한 번 짖게 하고, 두 개를 보여 준 다음 두 번 짖게 하고, 세 개를 보여 준 후 세 번 짖게 하는 그런 식이었다. 마침내 강씨는 자신의 애완견 조련 센터에 오는 손님들에게 치와와가 수를 구별하는, 특별한 쇼를 보여 주게 되었다.

이러한 소문이 퍼지자 사람들은 자신들의 개도 강씨의 치와와처럼 수를 구별하기를 원했고, 강씨에게 자신의 개를 맡기기 시작했다. 하지만 이로 인해 강씨 주위의 다른 애완견 훈련소들은 파리만 날리는 신세가 되고 말았다.

"개 주제에 수를 구별한다고?"

강씨의 이웃이자 애완견 조련사인 멍멍희 씨는 이렇게 중얼거리면서 강씨가 사기를 치는 것이라고 주장했다.

결국 멍멍희 씨는 강씨를 사기 행위로 고소했고, 이 사건은 수학법정에서 다뤄지게 되었다.

동물들도 간단한 물건의 개수는 구별할 수 있습니다.

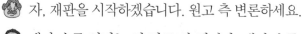
동물들도 수를 구별할 수 있을까요? 수학법정에서 알아봅시다.

수학짱 판사

예리수 검사

수치 변호사

매쓰 변호사

자, 재판을 시작하겠습니다. 원고 측 변론하세요.

개가 수를 안다는 건 말도 안 됩니다. 개가 수를 안다면 개들도 초등학교에 다니게 하고 구구단도 외우게 해야 하지 않나요? 판사님은 학교나 학원에 다니는 개를 본 적이 있습니까?

없어요. 그런데…… 지금 그걸 변론이라고 하는 겁니까? 수치 변호사! 수치심을 좀 느끼세요. 그럼 피고 측 변론하세요.

원고 측 변호사의 변론에 어이가 없어서 웃음만 나옵니다. 푸하하하! 물론 동물은 사람보다 지능이 낮습니다. 하지만 그렇다고 동물들에게 뇌가 없는 것은 아니지요. 동물들도 사랑을 하고 슬픔을 느끼며 우울증에 걸리거나 스트레스를 받기도 하지요.

피고 측 변호사! 그건 생물법정에서 다룰 문제잖소? 오늘 재판이 왜 이러지? 이거 수학법정 맞아?

죄송합니다. 그럼 본론으로 들어가 동물들이 수를 안다는 것을 확인해 줄 동물 수 연구소의 이동수 소장을 증인으로 요청합니다.

잠시 후, 귀여운 푸들 한 마리를 안은 30대 초반의 젊은 남자가 증인석에 앉았다.

동물 수 연구소는 뭐하는 곳이죠?

동물들이 수를 어떻게 구별하는지를 연구하는 곳입니다.

동물들도 수를 구별합니까?

그렇습니다.

좀 더 구체적으로 말씀해 주시겠습니까?

우리는 많은 동물들로 실험을 해 보았습니다. 그중 하나를 얘기해 드리죠. 우리는 새 둥지에서 알을 꺼낸 뒤 과연 어미 새가 알이 없어진 것을 아는지 관찰해 봤습니다. 알이 네 개 있는 제비 둥지를 발견한 우리는 그곳에서 알 한 개를 빼내 보았습니다. 그런데 잠시 후 어미 제비가 와서는 아무 일도 없었던 듯 나머지 알들을 품었습니다.

그럼 제비는 4와 3을 구별하지 못하는 것 아닙니까?

계속 들어 보세요. 우리는 어미가 없을 때 알 하나를 더 꺼내 보았습니다. 그런데 잠시 후 둥지로 돌아온 어미 새가 이번에는 주위를 두리번거리면서 뭔가를 찾고 있는 모습이었습니다.

아하! 그럼 4와 2는 구별을 하는군요.

그렇습니다. 우리는 머리가 나쁜 사람을 보면 새대가리라고 놀리는데 새들조차도 4와 2의 차이를 구별해 낸다는 것이 놀랍지 않습니까?

🧑 다른 동물들은 어떻습니까?

🧑 실험에 따르면 쥐나 개, 말 같은 동물은 1에서 4까지의 수를 구별할 수 있고, 침팬지는 1에서 5까지의 수를 구별할 수 있는 것으로 알려져 있습니다.

🧑 고맙습니다. 존경하는 판사님, 증인의 말처럼 아무리 미천한 동물들이라도 뇌를 가지고 있으므로 수를 헤아리는 능력이 있습니다. 강아조 씨는 훈련에 의해 치와와가 좀 더 정확하게 수를 구별할 수 있도록 한 것뿐이므로 멍멍희 씨의 주장과는 달리 사기죄가 성립되지 않는다는 것이 본 변호사의 주장입니다.

🧑 판결하겠습니다. 동물들이 사람보다 지능지수가 낮다고는 하지만 그들 나름대로 수를 구별하는 능력이 있다는 것이 원고 측 증인에 의해 밝혀졌습니다. 그러므로 원고 강아조 씨에게는 사기죄가 성립하지 않습니다. 그리고 멍멍희 씨를 비롯한 다른 애완견 조련사들은 강아조 씨가 잘된다고 배 아파하지 말고 자신들도 강아지를 조련하는 색다른 방법을 연구해야 할 것입니다.

재판이 끝난 후 멍멍희 씨와 다른 조련사들은 강아조 씨에게 사과했다. 강아조 씨는 다른 조련사들에게 개에게 도형을 구별하게 하거나 두 수 중 큰 수를 찾게 하는 등 수학과 관련한 색다른 조련 방법을 귀띔해 주었다. 이리하여 모든 조련사들은 호황을 누리게 되었다.

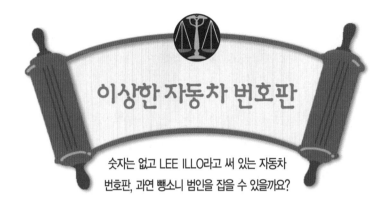

# 이상한 자동차 번호판

숫자는 없고 LEE ILLO라고 써 있는 자동차
번호판, 과연 뺑소니 범인을 잡을 수 있을까요?

**사건
속으로**

과학공화국 수학주의 주도인 매쓰 시티에는 최근 교
통사고가 점점 증가하고 있다. 이것은 매쓰 시티가 운전
면허 취득 자격을 18세 이상으로 법을 바꾸고 나서부터
였다. 젊은 운전자들이 많아지면서 과속이나 급차선 변
경과 같은 난폭 운전이 줄을 이었다.

그러던 어느 날 새벽 1시. 시내에서 리어카를 끌고 다
니면서 떡볶이를 파는 이떡녀 할머니가 횡단보도를 건너
다가 그만 검은색 개나리 자동차에 치여 병원에 입원하

고 말았다.

이떡녀 할머니에게는 부모를 잃은 다섯 명의 어린 손주들이 있었는데 할머니가 다치는 바람에 손주들은 끼니를 해결할 길이 막막했다.

물론 나라에서 손주들을 위한 기본적인 도움을 주기는 했지만, 아직 할머니의 손길이 필요했던 아이들은 하루 종일 할머니만 찾았다.

그러던 어느 날 뺑소니 사건의 수사를 맡은 히로 형사가 할머니의 병실로 찾아왔다.

"차의 번호가 기억나나요?"

"기억나는 숫자가 없어요…… 아! LEE ILLO라고 써 있었어요."

할머니가 힘든 표정으로 대답했다.

"이일로?"

히로 형사는 부하들을 시켜 매쓰 시티에 사는 모든 이일로 씨를 조사하게 했다. 그 결과 시내에 사는 이일로 씨는 모두 세 명이었는데 한 명을 제외한 나머지 이일로들은 알리바이가 확실했다.

히로 형사는 알리바이가 분명치 않은 이일로 씨를 용의자로 지목했지만 그는 자신은 결백하다며 매쓰 변호사를 선임했다. 결국 이 사건은 수학법정에서 다뤄지게 됐다.

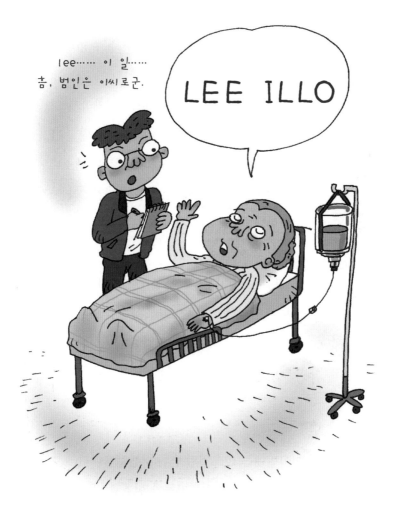

LEE ILLO를 좌표평면에서 원점 대칭하면
0771 337이 됩니다.

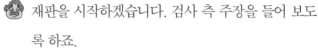 이일로 씨가 과연 범인일까요? 수학법정에서 알아봅시다.

 수학짱 판사

예리수 검사

수치 변호사

매쓰 변호사

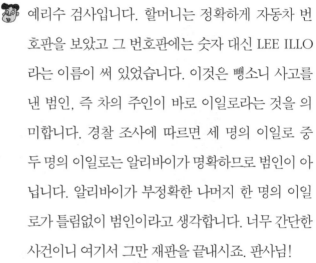

 재판을 시작하겠습니다. 검사 측 주장을 들어 보도
록 하죠.

 예리수 검사입니다. 할머니는 정확하게 자동차 번
호판을 보았고 그 번호판에는 숫자 대신 LEE ILLO
라는 이름이 써 있었습니다. 이것은 뺑소니 사고를
낸 범인, 즉 차의 주인이 바로 이일로라는 것을 의
미합니다. 경찰 조사에 따르면 세 명의 이일로 중
두 명의 이일로는 알리바이가 명확하므로 범인이 아
닙니다. 알리바이가 부정확한 나머지 한 명의 이일
로가 틀림없이 범인이라고 생각합니다. 너무 간단한
사건이니 여기서 그만 재판을 끝내시죠. 판사님!

 예리수 검사! 그건 내 권한이오. 제발 나서지 좀 말
아요.

……네.

이번에는 변호인의 변론을 듣겠습니다.

저는 매쓰 시티의 자동차 번호판 담당 공무원인 차
수자 씨를 증인으로 요청합니다.

깡마른 몸매에 검은 테 안경을 쓴 40대 여인이 증인석에 앉았다.

증인은 매쓰 시티의 자동차 번호판 담당 공무원이죠?

네…… 10년 동안 그 일만 했습니다. 너무 많은 일 때문에 데이트할 시간도 없어서 이렇게 노처녀가 되었지요.

질문과 관련된 얘기만 하세요.

헉!~.(이거 안 먹히네.)

매쓰 시티에서 차량 번호판을 사람 이름으로 만들어 준 적이 있습니까?

사람 이름을 적는다면 그걸 번호판이라고 하겠어요? 이름표라고 하지요.

그렇군요. 그럼 번호판의 숫자는 모두 몇 개입니까?

앞 번호는 4개이고 뒤 번호는 3개입니다.

존경하는 판사님, 증인의 얘기처럼 매쓰 시티의 차량 번호판은 숫자로만 이루어져 있습니다. 그러므로 LEE ILLO라는 번호판은 존재하지 않습니다. 또한 이 번호판을 보면 앞 철자의 개수가 3개, 뒤 철자의 개수가 4개이므로 번호판 형식과 일치하지 않습니다. 판사님, 이걸 좀 보시죠.

매쓰 변호사는 판사에게 번호판을 보여 주었다. 번호판에는 다음과 같이 써 있었다.

LEE ILLO

 그 번호판을 돌려 보시죠.

판사는 번호판을 돌려 보았다. 다음과 같이 써 있었다.

0771 337

🐒 헉!!

🐵 놀라셨지요? 범인은 과속 단속을 피하기 위해 번호판을 뒤집어 붙이고 다녔던 것입니다.

🐒 자! 이제 원점에서 다시 시작합시다. 일단 오늘 재판에서 이일 로 씨는 무죄입니다.

재판이 끝난 후 히로 형사는 차량 번호 0771-337을 수색하여 사고 를 낸 30대 사업가 나뻔뻔 씨를 잡았고, 이떡녀 할머니는 충분한 보 상금을 받게 되었다.

# 수가 없던 시절의 이야기

　수가 없던 시절의 원시인들은 어떻게 수를 헤아렸을까요?
그 당시의 사람들은 동물의 뼈에 자신이 가지고 있는 가축의
수만큼 금을 그어 가축의 수를 헤아렸어요. 뼈에 새겨진 눈금
을 하나씩 대응시키면 두 사람 중 누가 더 많은 가축을 소유하
고 있는지를 알 수 있었지요. 이들은 물론 숫자를 발명하지는
못했지만, 수의 개념은 알고 있었지요.

어린아이들도 이런 방식으로 수의 크기를 비교해요. 수를 셀 수 없는 두 아이 중 한 명에게는 세 개의 사탕을, 다른 한 명에게는 네 개의 사탕을 줘 봐요. 세 개의 사탕을 받은 아이는 화를 낼 거예요. 그러니까 숫자를 모른다고 해서 수의 크기를 모르는 것은 아닙니다.

# 원주민들의 수

지금도 이상한 숫자를 사용하는 원주민들이 있어요. 아프리카의 어느 원주민들은 1과 2만 셀 수 있다고 해요. 이들은 3 이

각 나라의 말이 다르듯 숫자의 표기 방법도 여러 가지가 공존합니다.

우리나라를 비롯한 세계의 많은 나라에서 사용하고 있는 아라비아 숫자는

인도에서 시작되어, 아라비아인이 유럽에 전하였기 때문에 생긴 이름입니다.

상의 수는 모두 똑같이 '많다'라고만 말합니다. 그러니까 이들에게는 3도 '많다'이고, 100도 '많다'가 되는 것이지요.

호주의 원주민인 구물갈족은 우라폰과 오코사라는 두 개의 단어만으로 모든 수를 나타냅니다. 이들이 수를 표현하는 방법은 다음과 같습니다.

1은 우라폰

2는 오코사

3은 오코사 우라폰(3 = 2 + 1)

4는 오코사 오코사(4 = 2 + 2)

5는 오코사 오코사 우라폰(5 = 2 + 2 + 1)

# 로마의 숫자

로마 숫자는 우리 주위에서도 볼 수 있어요. 어떤 시계에는 시간을 나타내는 수가 로마 숫자로 써 있지요. 로마 숫자는 다음과 같이 나타냅니다.

1 – I

2 – II

3 – III

4 – IV

5 – V

6 – VI

7 – VII

8 – VIII

9 – IX

10 – X

로마 사람들은 4를 IIII로 나타내는 것 대신에 4가 5보다 1만큼 작은 수라는 뜻에서 IV라고 썼지요. 로마 숫자 표기에서는 작은 수가 큰 수 다음에 오면 그것은, 큰 수에서 작은 수를 뺀다는 의미입니다.

더 큰 수를 나타내려면 다음의 기호를 알아야 합니다. 10은 X, 20은 XX, 30은 XXX이고 40은 50에서 10을 뺀 수이니까 XL이라고 쓰면 되고요. 따라서 50은 L이 됩니다. 또한 60은

LX, 70은 LXX, 80은 LXXX이며 90은 100에서 10을 뺀 수이니까 XC라고 쓰면 되지요.

로마 숫자의 표기는 XL나 LX와 같이 같은 기호가 순서만 달리 쓰이는 경우가 있어 헷갈릴 수 있지요. 하지만 걱정하지 마세요. 간단하게 구별할 수 있는 방법이 있으니까요. XL처럼 작은 수(X)를 나타내는 기호가 큰 수(L)를 나타내는 기호 앞에 오면 뒤의 수에서 앞의 수를 뺀 수가 되고, LX처럼 작은 수를 나타내는 기호가 큰 수를 나타내는 기호 뒤에 오면 앞의 수에다 뒤의 수를 더하면 됩니다.

예를 들어 CD는 C가 100을 D가 500을 나타내고, 작은 수가 앞에 있으니까 CD는 500에서 100을 뺀 수인 400을 나타냅니다.

M은 1000이므로 CM은 1000에서 100을 뺀 수인 900이고, XC는 100에서 10을 뺀 수이므로 90이며, IX는 9이므로 CMXCIX는 999를 나타냅니다.

이번에는 우리가 사용하는 수를 로마 숫자로 나타내어 볼까요?

568을 로마 숫자로 나타내 볼게요. 568 = 500 + 60 + 8 이고 500은 D, 60은 LX, 8은 VIII이므로 568을 로마 숫자로 나타내면 DLXVIII이 됩니다.

한 가지 더 예를 들어 볼까요?

3897 = 3000 + 800 + 90 + 7이므로 3897을 로마 숫자로 나타내면 MMMDCCCXCVII이 됩니다.

# 연산에 관한 사건

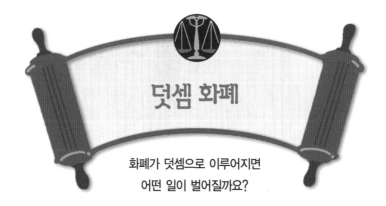

# 덧셈 화폐

**화폐가 덧셈으로 이루어지면
어떤 일이 벌어질까요?**

**사건
속으로**

　과학공화국의 애디션 시티에는 덧셈을 좋아하는 사람
들이 모여 살았다. 이 마을의 시장은 모다더해 씨였는데
그는 시민들이 덧셈을 좋아하는 것을 이용해 좀 더 많은
덧셈을 하면서 살게 하기 위해 열심히 노력했다.

　그러던 어느 날 그는 의자에 앉아 조용히 창밖을 바라
보다가 갑자기 좋은 생각이라도 난 듯 무릎을 탁 쳤다.

　"아덧셈, 방으로 와."

　모다더해 시장이 소리쳤다.

깔끔한 양복 차림의 아덧셈 씨가 방으로 들어왔다.

"무슨 일이십니까? 시장님."

그는 모다더해 시장의 비서로 많은 아이디어를 서로 주고받으며 오랫동안 애디션 시티를 위해 일해 온 사람이었다.

"우리 시 사람들은 덧셈을 좋아하잖아? 화폐를 덧셈을 이용해서 만들면 어떨까?"

시장이 말했다.

"그거 재밌겠는데요? 우리 시 사람들은 둘만 모여도 덧셈 게임을 하잖아요? 그러니 화폐가 덧셈 식으로 되어 있으면 얼마나 재미있겠어요?"

아덧셈 씨도 동의했다.

이리하여 애디션 시티의 화폐는 숫자로 표기하지 않고 2 + 3원, 7 + 1 + 2원처럼 덧셈으로 이루어졌다. 덧셈 화폐는 시민들에게 큰 호응을 얻었다. 하지만 다른 시에서 온 관광객들에게는 일일이 덧셈을 하여 돈을 지불하고 거스름돈을 받는 일이 여간 불편한 게 아니었다.

그러던 어느 날 관광차 애디션 시티를 방문한 셈빨라 씨는 라면 가게에 들어갔다. 셈빨라 씨는 이 시의 사람은 아니었지만 덧셈을 비롯한 모든 셈을 1초 만에 속셈으로 끝낼 만큼 셈이 빠른 사람이었다.

"라면 주세요."

셈빨라 씨가 가게 주인에게 말했다.

"라면값은 선불이야. 2 + 7 + 2원이네."

상점 주인 티미해 씨가 대답했다.

셈빨라 씨는 지갑을 뒤적거리고는 1 + 9 + 1원을 냈다. 그런데 티미해 씨의 반응은 예상과 달랐다.

"돈이 부족하잖아?"

티미해 씨가 화를 냈다.

"2 + 7 + 2원과 1 + 9 + 1원은 같잖아요?"

셈빨라 씨가 따졌다.

그러나 결국 셈빨라 씨는 라면을 사 먹을 수 없었고, 자신의 계산이 옳다고 확신한 그는 티미해 씨를 수학법정에 고소했다.

덧셈으로 된 화폐의 경우 1부터 9까지의 모든 숫자가 사용되므로
받는 사람과 주는 사람이 볼 때 다른 액수로 읽히는 사건이 발생하게 됩니다.

수학짱 판사

예리수 검사

수치 변호사

매쓰 변호사

재판을 시작하겠습니다. 원고 측 변론하세요.

2 + 7 + 2 = 11이고, 1 + 9 + 1 = 11이므로 두 화폐는 같은 액수를 나타냅니다. 그러므로 셈빨라 씨에게 라면을 팔지 않은 라면 가게 주인 티미해 씨의 잘못이 명백하다고 생각합니다.

피고 측 변론하세요.

판사님, 숫자 1을 뒤집으면 뭐가 되지요?

그야 똑같이 1이지요.

그럼 6을 뒤집으면요?

9가 되지요.

바로 이것입니다. 화폐를 받는 사람과 주는 사람에 따라 각각 다른 액수로 읽혔기 때문에 이 사건이 벌어진 것입니다.

그게 무슨 말이죠? 좀 더 자세히 설명해 주세요.

셈빨라 씨는 티미해 씨에게 돈을 낼 때 화폐에 다음과 같이 적혀 있는 것을 보았을 것입니다.

$$1 + 9 + 1$$

하지만 이 똑같은 화폐를 주인이 볼 때는 거꾸로 보게 되므로 다음과 같이 읽히게 됩니다.

$$1 + 6 + 1$$

정말 신기한 일이군!

티미해 씨는 라면값은 11원인데 자신이 받은 돈은 $1 + 6 + 1$ = 8원이었으므로 라면을 줄 수 없었던 것입니다. 그러므로 티미해 씨의 책임은 전혀 없다는 것이 본 변호사의 생각입니다. 덧셈을 이용해 화폐를 만드는 것도 좋으나, 보는 사람의 위치에 따라 달리 읽히는 화폐는 결국 문제를 일으키는 원인을 제공했습니다.

따라서 이번 사건은 셈빨라 씨와 티미해 씨에게는 책임이 없으며 이런 말도 안 되는 화폐를 만들어 시민들을 혼란에 빠뜨린 모다더해 시장이 그 책임을 져야 한다는 것이 저의 생각입니다.

판결을 내리겠습니다. 화폐는 주는 사람에게나 받는 사람에게나 같은 액수로 보여야 합니다. 그런데 모다더해 시장의 지나친 덧셈 사랑이 이런 화폐들을 만들게 했고, 결국 혼란을 초래했으므로 이 모든 책임은 모다더해 시장에게 있습니다.

원고와 피고에게는 그 어떤 책임도 없다고 판단됩니다. 또한 이제부터는 보는 방향에 따라 액수가 달리 읽히는 덧셈 화폐의 통용을 금합니다.

이로써 애디션 시티의 명물인 덧셈 화폐는 사라지고 다시 원래의
금액만 표시되는 화폐가 통용되었다.

# 절반의 구구단

구구단은 반드시 9단까지
외워야 하는 걸까요?

**사건
속으로**

기발해 씨는 개인 수학자이다. 그는 혼자서 새로운 수학을 연구하는데 그에게는 초등학교에 다니는 기똥차라는 아들이 있었다. 기똥차 군은 학교에서 돌아오자마자 아빠를 찾았다.

"아빠! 큰일 났어요."

"무슨 일인데?"

기발해 씨는 새로운 수학 연구 결과를 노트에 적으면서 아들에게 대꾸했다.

"내일까지 구구단을 9단까지 모두 외워 오래요. 하나라도 틀리면 손바닥을 한 대씩 맞는대요, 아빠. 어떡하죠? 시간이 너무 없어요."

기똥차 군은 불안한 표정으로 말했다.

"구구단이라…… 똥차야, 너 지난번에 몇 단까지 외웠지?"

"5단까지요. 하지만 6단부터가 어렵고 헷갈려요."

"5단까지라…… 그럼 됐어. 오늘은 그냥 놀아도 돼. 5단까지만 외우면 나머지 구구단은 모두 해결할 수 있어. 최근에 아빠가 그 분야의 연구에 거의 성공했거든. 아직 연구가 완성되지 않았으니 이번 주말에 5단까지 외우고 나면, 나머지 구구단을 외우는 비법을 알려 주마."

기발해 씨는 자신 있게 말했다. 기똥차 군은 아버지의 말을 철석같이 믿고 그날 저녁에는 5단까지만 여러 번 반복해서 외웠다.

다음 날 학교에 간 기똥차 군은 고지식 선생님이 구구단을 외우게 하자 5단까지 거침없이 외운 다음 멈추고 말았다.

"기똥차, 이제 6단을 외워야지?"

고지식 선생님이 말했다.

"6단부터는 아버지가 안 외워도 된대요."

기똥차 군이 당당한 태도로 말했다.

"그런 꼼수를 부리면 안 돼. 구구단은 9단까지 모두 필요해. 그걸 모르면 곱셈, 나눗셈을 할 수 없고, 수학꽝이 될 거야."

고지식 선생님은 이렇게 말하고는 6단부터 9단까지 외워 오지 않은 기똥차 군에게 약속대로 손바닥 36대 맞기 벌칙을 주었다.

집으로 돌아온 기똥차 군은 울면서 아버지에게 이 사실을 모두 얘기했다. 5단까지만 외우면 다른 구구단은 필요 없다고 생각했던 기발해 씨는 고지식 선생님이 불필요한 구구단을 외우게 했을 뿐 아니라 아들에게 매질까지 했다면서 고지식 선생님을 수학법정에 고발했다.

우리만 외워도 되는데
넘 고지식하시다.

무슨 소리, 우리도 외워야 해.
정석대로 살아!

으아아앙~
아빠가 6,7,8,9단은
안 외워도 된다고
하셨단 말이에요.

잔머리 굴리지
마시라고 해.

구구단을 절반만 외워도 곱셈은 할 수 있지만 틀리지 않고 빨리하기
위해서는 6단 이상의 구구단을 외우는 것이 더 경제적입니다.

구구단을 절반만 외워도 될까요? 수학법정에서 알아봅시다.

재판을 시작합니다. 피고 측 변론하세요.

구구단을 모르면 세상을 살아가기가 너무 힘듭니다. 그런데 구구단을 절반만 외워도 된다고요? 그럼 한 개에 9원 하는 물건을 6개 사면 얼마인지를 모르게 되잖아요? 그래 가지고 어디 시장이나 가겠어요? 그래서 구구단은 반드시 머릿속에 넣어 두어야 합니다. 안 외우는 아이들은 맞아도 싸요. 이건 사랑의 매입니다. 그러니까 고지식 선생님은 아주 훌륭한 분입니다. 참 나, 이런 재판을 대체 왜 하는지 모르겠군!

수치 변호사, 좀 재판답게 합시다. 나 원 참!

원고 변론하겠습니다.

그건 내가 말한 다음에 해야 하는 거 아니요?

대충하지요, 판사님.

요즘 변호사들 정말 버릇없군! 좋아요, 말해 보슈!! 나도 막가겠어.

증인으로 기발해 씨를 부르겠습니다.

기발해 씨는 증인석으로 들어오면서 예리한 눈빛으로

매쓰 변호사를 쏘아보았다.

🧑‍🦱 증인은 개인적으로 새로운 수학을 연구한다고 들었는데 사실인
가요?

🧑 네…… 항상 뉴수학을 찾아 머리를 쥐어짜고 있습니다. 과학공
화국의 수학 발전을 위해서죠.

🧑‍🦱 좋아요. 그럼 왜 아들에게 5단까지만 외우면 된다고 한 거죠?
정말 5단까지만 외워도 된다는 건가요?

🧑 물론입니다.

🧑‍🦱 그럼 6단 이상은 어떻게 계산하죠?

🧑 6단 이상 중 6 × 3처럼 한쪽은 5보다 큰 수이고 다른 한쪽은 5
보다 작은 수일 때는 곱셈의 교환 법칙을 이용하면 됩니다. 즉
6 × 3 = 3 × 6을 이용하면, 3단은 이미 외웠으니까 이 값이
18이라는 것을 알 수 있지요.

🧑‍🦱 두 수가 모두 5보다 큰 경우는 어떻게 하죠?

🧑 예를 들어 7 × 8을 생각해 보죠. 7은 5보다 얼마나 크죠?

🧑‍🦱 2만큼 크죠.

🧑 8은요?

🧑‍🦱 3만큼 크죠.

🧑 자, 이제 2와 3을 잘 기억해 두세요. 다음 순서대로 하면 됩니다.

1) 2와 3을 곱한다. → 6

2) 2와 3을 더해 5를 곱한다. → 25

3) 1)의 결과와 2)의 결과를 더한 값에 25를 더한다.

🤓 그럼 6 + 25 + 25 = 56이 답이군요.

🧑 그렇습니다. 지금 이 계산을 하기 위해 6단 이상의 구구단은 사용하지 않았지요?

🤓 그렇군요. 그럼 최종 변론을 하겠습니다. 기발해 씨의 방법에 따르면 5단까지만 외워도 6단 이상의 구구단을 계산할 수 있으므로 피고 고지식 선생님이 기똥차 군을 혼낸 것은 문제가 있다고 생각합니다.

👩 기발해 씨의 새로운 곱셈법 잘 들었습니다. 하지만 21세기는 초스피드 시대입니다. 우리는 물론 구구단을 외우지 않고 덧셈만으로도 계산할 수 있습니다. 예를 들어 7 × 8은 7을 8번 더하여 계산하면 56이 나옵니다.

하지만 우리가 구구단을 외우는 것은 곱셈을 틀리지 않고 빨리하기 위한 중요한 목적이 있기 때문입니다. 따라서 기발해 씨의 방법은 비록 여러 번 더하는 것보다는 시간을 줄일 수 있으나 3단계를 거쳐야 하므로 꽤 많은 시간이 걸리게 됩니다.

차라리 6단 이상의 구구단을 외우는 것이 더 경제적이라고 생각합니다. 따라서 모든 국민은 구구단을 9단까지 완벽하게 외워야

할 의무가 있다고 결론을 내리겠습니다.

이번 재판 결과가 장안의 화젯거리가 되자, TV 방송국에서는 연예인들의 구구단 대결을 소재로 하는 오락 프로그램들이 우후죽순으로 만들어졌다.

**빠른 곱셈**

수학 빵점 대장 후한탄 군이
100점을 맞았다고요?

   타임스 시티에 사는 후한숨 씨는 요즘 걱정이 태산이
다. 하나밖에 없는 초등학생 아들이 수학 시험만 보면 매
일 빵점을 받아 오기 때문이었다.

   "곱셈은 너무 어려워요, 아빠. 덧셈 뺄셈만 해도 세상
을 살아갈 수 있잖아요?"

   후한숨 씨의 아들인 후한탄 군이 한숨을 지었다. 물론
후한숨 씨도 장사를 하면서 전자계산기를 사용하기 때문
에 곱셈, 나눗셈하는 것은 잊어버린 지 오래였다. 하지만

본인이 무식하다고 자식까지 무식하게 키울 수는 없는 일. 후한숨 씨는 어찌 되었든 아들이 초등 수학만큼은 다른 아이들에게 뒤떨어지지 않기를 바랐다.

결국 후한숨 씨는 비싼 돈을 들여 수학 과외의 족집게 선생으로 이름난 고파기 씨를 아들의 가정교사로 고용했다. 고파기 씨는 다른 선생님들과는 매우 다른 방식으로 수학을 가르쳤는데, 아들은 그런 선생님의 수업 방식을 잘 따르고 만족해하는 것 같았다. 물론 후한숨 씨도 만족스러웠다.

드디어 대망의 곱셈 시험 날. 아들은 고파기 씨에게 배운 빠른 곱셈 비법으로 시험을 치렀다. 시험 문제는 다음과 같이 모두 세 문제였다.

$$1) \ 65 \times 65$$
$$2) \ 73 \times 77$$
$$3) \ 82 \times 88$$

후한탄 군은 고파기 씨에게 배운 독특한 방법으로 이 세 문제를 3초도 안 되어 풀었다. 항상 빵점만 받던 후한탄 군이 제일 먼저 답안지를 내자 놀란 쪽은 수대로 선생이었다.

다음 날, 집에서 답을 채점해 본 후한탄 군은 자신이 100점을 맞았다며 기뻐했다. 후한숨 씨도 너무 좋은 나머지 고파기 선생에게 특별 보너스를 지급했다.

하지만 다음 날 후한탄 군이 학교에서 받아 온 수학 점수는 여전히 빵점이었다. 후한탄 군의 답은 모두 맞았지만 풀이 과정은 적혀 있지 않았다. 수대로 선생은 후한탄 군이 이 세 문제를 모두 맞힐 리 없다면서 그를 부정행위한 것으로 간주하여 빵점 처리를 한 것이었다.

이에 화가 난 후한숨 씨와 고파기 씨는 수대로 선생을 수학법정에 고소했다.

십의 자릿수가 같고 일의 자릿수의 합이 모두 10인 경우 곱셈 원리를
이용한 빠른 곱셈 비법이 있습니다. 하지만 이는 수많은 곱셈 가운데
특수한 경우에만 적용할 수 있다는 한계가 있습니다.

후한탄 군이 어떻게 두 자릿수의 곱셈을 3초 만에 계산했을까요? 수학법정에서 알아봅시다.

수학짱 판사

예리수 검사

수치 변호사

매쓰 변호사

재판을 시작합니다. 피고 측 변론하세요.

후한탄 군은 수학 천재가 아닙니다. 그런데 세 개의 두 자릿수의 곱셈 문제를 풀이 과정도 없이 속셈만으로 3초 만에 맞힌다는 것은 거의 불가능한 일입니다. 그동안의 성적으로 보아 후한탄 군이 커닝을 한 것은 명백한 사실입니다. 혹……시? 후한탄 군과 고파기 씨 사이에 휴대전화를 이용한 문자 메시지 커닝이 있었던 게 아닐까요?

이의 있습니다. 지금 원고 측 변호사는 본인의 상상만으로 거의 소설을 쓰고 있습니다.

인정합니다. 원고 측 변호사, 거…… 재미없는 소설이나 쓰지 말고 증거나 좀 제시하면서 합시다. 아무리 꼴등으로 합격해도 그렇지, 좀 심하군! 에구구, 내가 대신 변론할 수도 없고 말이야. 그럼 피고 측 변호사, 좀 시원스러운 얘기 좀 해 주구려.

저는 후한탄 군의 사부인 고파기 씨를 증인으로 모시겠습니다.

곱슬머리에 꼬질꼬질한 점퍼를 입은 고파기 씨가 증인석에 앉았다.

🙂 증인은 후한탄 군의 과외 선생이지요?

🙂 네, 시험을 앞두고 곱하기의 비법을 전수했습니다.

🙂 곱하기의 비법이 있나요?

🙂 그렇습니다. 이번 시험 문제는 곱하기의 비법이 통하는 문제들
이었습니다. 아마 한탄 군이 제게 배운 방법을 쓰면 다섯 문제
를 모두 푸는 데 5초도 안 걸릴 것입니다.

🙂 그 방법을 소개해 주겠습니까?

🙂 원래 비법이라 공개할 수 없지만 한탄 군이 부정행위자로 몰리
고 있으니 어쩔 수 없군요. 출제된 문제를 다시 한번 보세요.

$$65 \times 65$$
$$73 \times 77$$
$$82 \times 88$$

🙂 십의 자릿수는 같고 일의 자릿수의 합은 모두 10입니다. 이럴
때는 아주 빠르게 계산하는 비법이 있습니다.

🙂 그게 뭐죠? (빨리 배워서 아들에게 가르쳐 줘야…….)

🙂 매쓰 변호사! 사적인 이득을 취하려고 하지 마세요. (내 아들에게
도 가르쳐 줘야지.)

좋습니다. 공개하죠. 예를 들어 65 × 65를 한번 볼까요? 6과 6보다 하나 큰 수인 7의 곱은 뭐죠?

42!

그럼 5와 5의 곱은요?

25!

그럼 답은 4225입니다.

헉!! 너무 간단하잖아?

두 번째 문제는 매쓰 변호사님이 해 보시죠.

7과 8의 곱은 56이고 3과 7의 곱은 21이니까 답은 5621.

맞습니다.

나도 해 보면 안 되겠소?

3번 문제를 해 보시죠.

8과 9의 곱은 72이고 2와 8의 곱은 16이니까 7216.

맞습니다.

실로 놀라운 방법이 아닐 수 없습니다. 어째서 이렇게 되는 거죠?

간단합니다. 십의 자리 숫자가 같고 일의 자릿수의 합이 10인 두 수에서 공통의 십의 자릿수는 a, 각각의 일의 자리는 b, 10-b라고 쓸 수 있습니다. 그럼 두 수는 다음과 같이 나타낼 수 있습니다.

$$10a + b, 10a + (10 - b)$$

이제 이 두 수를 곱해 보지요.

$$(10a + b)\{10a + (10 - b)\}$$
$$= 100a^2 + 10ab + 100a - 10ab + 10b - b^2$$
$$= 100a^2 + 100a + 10b - b^2$$
$$= 100a(a + 1) + b(10 - b)$$

가 됩니다. 여기서 $a(a + 1)$은 십의 자릿수와 십의 자릿수보다 하나 큰 수의 곱이고 그 값의 100배이므로 천의 자리와 백의 자릿수가 십의 자릿수와 십의 자릿수보다 하나 큰 수의 곱이 됨을 의미합니다. 또한 $b(10 - b)$는 각각의 일의 자릿수의 곱이므로 십의 자리와 일의 자리는 두 일의 자릿수의 곱이 됨을 의미합니다.

- 놀랍군요.
- 매쓰 변호사, 흥분을 가라앉히고 최종 변론하세요.
- 정말 멋있는 곱셈 방법이었습니다. 최종 변론은 할 것도 없고요. 결과는 뻔할 테니까요.
- 고파기 씨의 빠른 곱셈 방법은 신기에 가까웠습니다. 하지만 이 방법은 십의 자리가 같은 수이고 일의 자릿수의 합이 10이 되는

경우에만 적용될 뿐입니다. 그 외의 경우에는 적용되지 않으므로 한창 곱셈을 연마해야 하는 후한탄 군에게는 교육적으로 좋은 방법이 아니라고 생각합니다. 하지만 고파기 씨의 아이디어는 셈에 대한 연구를 발전시키는 역할을 했으므로 과학공화국 최고의 셈 관련 잡지인 '월간셈'에 게재하여 많은 사람들이 알 수 있도록 하겠습니다. 이상 판결을 마치겠습니다.

재판이 끝난 후 고파기 씨의 빠른 곱셈법은 '월간셈'의 특집 논문으로 발표되어 많은 사람들의 주목을 끌었고, 그해 우수 셈 논문에서 대상을 받는 영광을 차지했다.

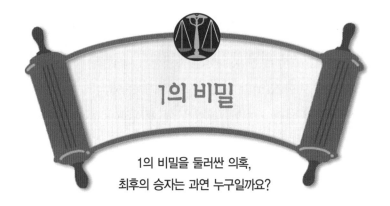

# 1의 비밀

**1의 비밀을 둘러싼 의혹,
최후의 승자는 과연 누구일까요?**

**사건
속으로**

타임스 시티의 심플해 씨는 나이가 40이 넘었지만 아직까지 결혼하지 않고 혼자 지내고 있다. 사람들은 만날 작은 방에 틀어박혀 고민스런 표정을 짓고 있는 심플해 씨를 이상하게 생각했다.

사실 심플해 씨는 개인적으로 수학을 연구하는 수학자였다. 그는 특히 간단한 수로 복잡한 수를 만드는 것을 좋아했다. 그는 또 이 세상의 모든 어려운 수학 공식은 아주 간단한 수들의 연산으로부터 나온다고 믿었다.

그러던 어느 날, 그는 많은 사람들을 모아 수학 강연회를 열고 자신의 새로운 연구 결과를 발표하려고 했다.

"여러분, 저는 1과 곱셈 기호만 가지고 1부터 9까지의 모든 숫자를 만들 수 있습니다."

심플해 씨는 자신 있게 외쳤다.

"그건 불가능합니다. 덧셈이라면 또 몰라도……."

청중석에 앉아 있던 도하기 씨가 반박했다.

"물론 덧셈으로 하면 너무 쉽지요.

$$1 + 1 = 2$$
$$1 + 1 + 1 = 3$$
$$1 + 1 + 1 + 1 = 4$$
$$\vdots$$

이런 식이 될 테니까요. 하지만 저는 덧셈을 전혀 사용하지 않고도 1부터 9까지의 모든 숫자를 만들어 낼 수 있습니다."

심플해 씨가 자신 있게 주장했다.

"심플해 씨는 사기를 치고 있소. 이런 엉터리 사기꾼의 얘기를 우리가 들을 필요는 없지 않소. 우리 모두 나가 버립시다."

도하기 씨는 청중을 선동했다. 그러자 청중이 술렁거렸고, 한 사람

두 사람씩 회의장을 빠져나가기 시작했다. 결국 심플해 씨는 자신의 새로운 연구 결과를 발표할 기회를 놓치고 말았다.

이에 화가 난 심플해 씨는 도하기 씨가 아무 근거 없이 자신의 연구 결과를 사기로 몰았다며 그를 수학법정에 고소했다.

숫자 1과 곱하기만으로도 모든 숫자를 만들어 낼 수 있습니다.
숫자 1을 한 번만 사용해야 한다는 고정관념을 버린다면 말입니다.

1과 곱셈 기호만으로 1부터 9까지의 모든 수를 만들 수 있을까요? 수학법정에서 알아봅시다.

수학짱 판사

예리수 검사

수치 변호사

매쓰 변호사

재판을 시작하겠습니다. 피고 측 변론하세요.

더하기를 사용하지 않고 1과 곱셈 기호만으로 1부터 9까지의 수를 만드는 것은 불가능합니다. 왜냐하면 1은 아무리 여러 번 곱해도 그 결과는 항상 1이기 때문입니다. 그러므로 피고인 도하기 씨의 주장은 타당하다고 생각합니다.

원고 측 의견은요?

원고인 심플해 씨를 증인으로 부르겠습니다.

단정한 티셔츠에 빛바랜 청바지를 입은 심플해 씨가 증인석에 앉았다.

더하기를 사용하지 않는다면 어떤 연산을 사용하지요?

곱하기입니다.

곱하기라면 피고 측 변호사의 주장대로 1은 아무리 곱해도 1이 되는데 과연 1부터 9까지의 수를 모두 만들 수 있습니까?

🧑 1로 만들 수 있는 수가 왜 1뿐이라고 생각하십니까?

🧑 그럼 또 뭐가 있죠?

🧑 1을 두 개 쓰면 11도 되고, 세 개 쓰면 111도 되잖아요? 11과
11을 곱해 보세요.

매쓰 변호사는 종이를 꺼내 계산했다.

🧑 121이 되네요.

🧑 거 봐요. 2가 나왔잖아요? 그럼 111과 111을 곱해 보세요.

🧑 12321이 되네요.

🧑 3이 나왔지요? 이렇게 1과 곱하기만으로 다음과 같은 수들을
얻을 수 있습니다.

$$1 \times 1 = 1$$
$$11 \times 11 = 121$$
$$111 \times 111 = 12321$$
$$1111 \times 1111 = 1234321$$
$$11111 \times 11111 = 123454321$$
$$111111 \times 111111 = 12345654321$$
$$1111111 \times 1111111 = 1234567654321$$
$$11111111 \times 11111111 = 123456787654321$$

$$111111111 \times 111111111 = 12345678987654321$$

보셨죠? 저는 1과 곱하기만으로 1부터 9까지의 모든 수가 나오게 했습니다.

대단하군요. 존경하는 판사님, 심플해 씨는 곱하기와 1만으로 모든 숫자를 만들어 냈습니다. 그런데 더하기에만 심취되어 있는 도하기 씨가 확실한 근거도 없이 그를 사기꾼으로 몰았던 것입니다.

판결하겠습니다. 자신이 더하기를 좋아한다고 해서 다른 사람들도 더하기만 좋아할 것이라고 생각하는 건 옳지 않습니다. 더하기가 있으면 빼기가 있고, 곱하기가 있으면 나누기가 있습니다. 그러므로 이번 사건은 도하기 씨가 경솔했다고 판단됩니다.

재판이 끝난 후 도하기 씨는 심플해 씨에게 사과했다. 그 후 두 사람은 더하기와 곱하기를 이용한 재미있는 셈에 대한 연구를 많이 하였다.

# 자연수

자연수라는 말을 들어 봤지요? 1부터 시작해서 하나씩 커지는 수 전체를 자연수라고 해요.

- 자연수 : 1, 2, 3…….

자연수는 끝이 있을까요? 아니에요. 자연수는 끝이 없어요. 만일 끝이 있다면 자연수 중에 제일 큰 수가 있겠지요. 그런데 그 수에 1을 더하면 그 수보다 더 큰 수가 되므로 자연수에는 제일 큰 수가 없습니다. 즉 자연수의 개수는 무한하지요.

자연수는 다음과 같이 홀수와 짝수로 나눌 수 있어요.

홀수 : 1, 3, 5, 7, 9…….
짝수 : 2, 4, 6, 8, 10…….

너무 당연한 얘기인가요? 그럼 홀수와 짝수의 덧셈에 대한 재미있는 성질을 알려 드릴게요. 익혀 두세요. 다음과 같은 성질입니다.

$$(홀수) + (홀수) = (짝수)$$
$$(홀수) + (짝수) = (홀수)$$
$$(짝수) + (짝수) = (짝수)$$

짝수와 홀수의 곱셈에 대해서는 다음과 같은 성질이 있습니다.

$$(홀수) \times (홀수) = (홀수)$$
$$(홀수) \times (짝수) = (짝수)$$
$$(짝수) \times (짝수) = (짝수)$$

# 수 이야기

수에 얽힌 재미있는 이야기를 한번 해 볼까요? 다음과 같은 이야기들이 있습니다.

### 1

고대 그리스의 수학자 피타고라스는 1을 가장 존경받는 수인, 신의 수라고 생각했지요. 사람들은 1을 사물의 기본이 되는 수라고 생각했어요.

### 2

2는 1과 대립되는 수라고 생각했지요. 1이 선의 상징이라면 2는 악의 상징이었지요. 서양에서는 1월 1일은 신성한 날로 여기고, 2월 2일은 악마의 날이라고 불렀을 정도로 2를 싫어했어요. 하지만 요즘 같은 인터넷 시대에서 2는 아주 중요한 수입니다. 컴퓨터도 2진법을 사용하니까요.

### 3

1과 2가 선과 악을 상징했다면 3(= 1+2)은 선과 악의 조화의 수라고 여겼습니다. 즉 3은 완전한 수를 의미했습니다. 하지만 피타고라스의 생각은 조금 달랐습니다. 그는 1은 신의 수로, 2는 여성의 수로, 3은 남성의 수라고 생각했습니다.

수에 대한 생각은 동양과 서양 또는 각 문화권마다 다르게 나타나기도 합니다.

4

4는 동서남북을 나타내는 수이고, 창조를 상징하는 수라고 생각했습니다. 하지만 우리나라 사람들은 한자의 죽을 사(死) 자와 동음이라 하여 아주 싫어하는 수입니다.

5

사람의 손가락은 5개이지요? 그래서 옛날 사람들은 자연스럽게 5진법을 사용했습니다. 5를 V로 나타내는 로마 숫자 역시 5진법의 한 예입니다.

6

6은 타락이나 죽음을 상징하는 악마의 수로 여겼어요. 그래서 서양 사람들은 666을 저주를 뜻하는 수로 생각했지요. 하지만 6의 수학적 의미는 또 다릅니다. 6은 자신을 제외한 약수들의 합, 즉 $1+2+3=6$과 같아 '완전수' 라고도 부릅니다.

### 7

7은 행운을 상징하는 수로 여겼어요. 일주일을 7일로 택한 것도 럭키 세븐이라는 말이 쓰이게 된 것도 이 때문이지요.

### 8

8은 성스러운 천국의 수라고 생각했습니다. 서양에서는 888을 666과는 반대되는 부활을 상징하는 수로 여겼지요.

### 9

동양에서는 9가 많음을 나타내는 수이지요. 그래서 장수를 뜻하기도 합니다. 중국 사람들이 가장 결혼하고 싶어 하는 날도 바로 9월 9일입니다.

### 10

10은 완성을 상징하는 수입니다. 피타고라스는 최초의 네 개의 자연수를 더한 수가 10이므로, 10이 완성을 의미한다고 생각했지요.

# 콤마 이야기

큰 수를 쓸 때는 왜 235,456처럼 3개의 자리마다 콤마를 찍을까요? 4개의 자리마다 콤마를 찍으면 좀 더 편할 텐데 말입니다. 23,5456이라고 쓰면 23만 5456이라는 걸 금방 알 수 있잖아요. 예를 들면 다음과 같이 말이에요.

| | |
|---|---|
| 1,0000 | 1만 |
| 1,0000,0000 | 1억 |
| 1,0000,0000,0000 | 1조 |

하지만 서양 사람들은 세 개의 수마다 콤마를 찍어야 읽기가 편합니다. 그 이유는 뭘까요? 동양에서는 만이 기준이 되지만 서양에서는 천이 기준이 되기 때문입니다. 다음을 보세요.

| | |
|---|---|
| 1,000 | one thousand |
| 1,000,000 | one million |
| 1,000,000,000 | one billion |

영어에는 만을 나타내는 한 단어가 없습니다. 그렇기 때문에 만, 십만, 천만 등을 나타낼 때에는 다음과 같이 표기합니다.

| | |
|---|---|
| 10,000 | ten thousand |
| 10,000,000 | ten million |
| 10,000,000,000 | ten billion |

# 제3장

# 수열에 관한 사건

### 신기한 수열 ① _ 비밀번호를 찾아라!
수열을 모르면 유산도 물려받지 못하는 걸까요?

### 신기한 수열 ② _ 이상한 숫자들
규칙 없는 수열은 수열이 아닐까요?

### 피보나치수열 _ 네 잎 클로버 사건
꽃잎 속에 들어 있는 수학의 신비는 과연 뭘까요?

### 무한수열 _ 아킬레우스와 거북이
아킬레우스와 거북이 사이에 대체 무슨 일이 일어났던 걸까요?

### 수열의 합 _ 수학 영재원 입학시험
1부터 99까지 홀수들의 합을 1분 만에 계산할 수 있을까요?

# 비밀번호를 찾아라!

**수열을 모르면 유산도 물려받지
못하는 걸까요?**

**사건
속으로**

이수열 씨는 모든 수들을 자기만의 규칙에 의해 쉽게 외우는 습관이 있다. 그래서인지 그는 일기도 숫자로 만든 자신만의 암호를 이용해 쓰고 있었다.

그는 수학에 대한 책을 써서 많은 돈을 벌었지만 평생 결혼을 하지 않고 혼자서 살아왔기 때문에 유산을 물려줄 만한 사람이 없었다.

그러던 그에게 드디어 새로운 가족이 생겼다. 고아로 자랐지만 전국 수학 올림피아드에서 우승을 한 고등학생

이수로 군이었다. 신문에 난 이수로 군에 대한 기사를 본 이수열 씨가 그를 자신의 양자로 삼았던 것이다. 그는 자신의 모든 수학적 지식을 이수로 군에게 전해 주었고, 이 모든 것을 빠르게 이해하는 이수로 군에게 깊은 애정을 느꼈다.

그리고 얼마 후, 이수열 씨는 사고로 세상을 떠나고 말았다. 그러던 어느 날, 슬픔에 빠져 힘든 나날을 보내고 있던 이수로 군에게 누군가가 찾아왔다.

"매쓰 변호사입니다. 당신이 이수열 씨의 전 재산의 유산 상속자로 결정되었습니다."

"그게 무슨 말이죠?"

이수로 군이 놀란 표정으로 매쓰 변호사를 바라보자 매쓰 변호사는 이수로 군에게 이수열 씨가 남긴 은행 카드를 건네주었다. 이 카드는 자동 인출 은행인 탑시크릿 은행에서 발행한 것인데 비밀번호만 알면 누구든지 현금을 인출할 수 있는 그런 카드였다.

이수로 군은 양아버지의 뜻에 따라 모든 돈을 수학 연구소를 만드는 데 쓰고자 했다. 그는 탑시크릿 은행을 찾았다.

은행 입구에서 로봇이 그를 맞이했다.

"무슨 일로 오셨나요?"

"돈을 찾으러 왔어요."

이수로 군이 대답했다.

로봇은 이수로 군을 조그만 방으로 데리고 갔다. 방 안에는 거대한 현금 인출기가 있었다.

이수로 군은 카드를 인출기에 넣었다.

"비밀번호를 누르시오. 비밀번호는 네 자리입니다."

인출기에서 기계음이 흘러나왔다.

"비밀번호? 그런 건 모르는데……"

이수로 군이 중얼거렸다.

"힌트를 드릴까요?"

인출기가 말했다.

"네."

이수로 군이 대답하자 인출기에서 다음과 같은 메시지가 나왔다.

$$854917 \square \square \square \square$$

'이게 뭐지? 아무래도 이 수열에서 □ 안에 들어갈 네 개의 숫자를 찾으라는 얘기 같은데…… 가만 0부터 9까지의 숫자 중에서 안 나온 수가 0, 2, 3, 6이니까 비밀번호는 이 네 개의 수로 이루어져 있을 거야. 하지만 어쩌지? 네 개의 수로 만들 수 있는 비밀번호는 모두 24가지나 되잖아? 그리고 비밀번호를 세 번 잘못 입력하면 인출기가 작동하지 않을 거야.'

이수로 군은 속으로 이렇게 중얼거렸다.

하지만 별다른 방법이 없는 이수로 군은 아무렇게나 네 개의 숫자를 눌러 보았다. 세 번 모두 틀린 비밀번호였다. 그러자 인출기에서는 다음과 같은 메시지가 흘러나왔다.

"세 번 모두 비밀번호가 틀립니다. 본인이 직접 은행을 방문해 주세요."

이수로 군은 은행 직원에게 카드의 주인은 자신의 아버지이며 얼마 전에 돌아가셨다고 말했다. 하지만 은행에서는 본인이 아니면 돈을 지급할 수 없다고 주장했다. 화가 난 이수로 군은 탑시크릿 은행을 수학법정에 고소했다.

일정한 규칙에 따라 한 줄로 배열된 수의 열을 수열이라고 합니다.

비밀번호의 힌트는 어떤 수열을 이룰까요?
수학법정에서 알아봅시다.

수학짱 판사

예리수 검사

수치 변호사

매쓰 변호사

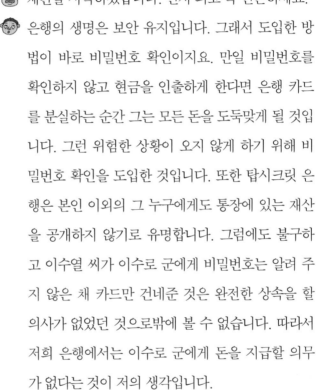

재판을 시작하겠습니다. 먼저 피고 측 변론하세요.

은행의 생명은 보안 유지입니다. 그래서 도입한 방법이 바로 비밀번호 확인이지요. 만일 비밀번호를 확인하지 않고 현금을 인출하게 한다면 은행 카드를 분실하는 순간 그는 모든 돈을 도둑맞게 될 것입니다. 그런 위험한 상황이 오지 않게 하기 위해 비밀번호 확인을 도입한 것입니다. 또한 탑시크릿 은행은 본인 이외의 그 누구에게도 통장에 있는 재산을 공개하지 않기로 유명합니다. 그럼에도 불구하고 이수열 씨가 이수로 군에게 비밀번호는 알려 주지 않은 채 카드만 건네준 것은 완전한 상속을 할 의사가 없었던 것으로밖에 볼 수 없습니다. 따라서 저희 은행에서는 이수로 군에게 돈을 지급할 의무가 없다는 것이 저의 생각입니다.

좋아요. 그럼 원고 측 변론하세요.

비밀번호를 모른다고 돈을 줄 수 없다는 것은 은행의 횡포라고 생각합니다. 이수로 군은 이수열 씨의 유일한 상속자이므로 은행은 그에게 비밀번호를 알려 주고, 이수로 군이 모든 유산을 상속받도록 해야 합니다.

🐑 가만, 이거 지금 수학법정 맞습니까? 수학에 관련된 내용이 하나도 나오지 않잖아?

🐵 죄송합니다. 비밀번호의 암호를 풀지 못해서요.

🐑 내가 또 한 수학하잖아? 한번 가지고 와 보슈!!

매쓰 변호사는 채 풀리지 않은 비밀번호의 암호를 판사에게 보여 주었다.

854917□□□□

🐑 음…… 조금 어려운 수열이군!

🐵 그렇지요? 저도 수열은 좀 한다고 하는데 이 문제는 너무 어려웠어요.

🐑 그래, 숫자들 사이에 규칙이 없을 때는 난센스 수학 문제일 가능성이 높아. 매쓰 변호사, 8을 영어로 읽으면 뭐지요?

🐵 eight.

🐑 그럼 5는?

🐵 five.

🐑 그럼 4는?

🐵 four.

9는?

nine.

그래, 바로 그거였어. 이 수열은 숫자를 영어로 쓸 때 사전에 나타나는 순서, 그러니까 알파벳 순서야.

| | |
|---|---|
| 8 | eight |
| 5 | five |
| 4 | four |
| 9 | nine |
| 1 | one |
| 7 | seven |
| ☐ | _____ |
| ☐ | _____ |
| ☐ | _____ |
| ☐ | _____ |

남아 있는 수가 뭐지?

0, 2, 3, 6입니다.

그걸 영어로 쓰면?

| 0 | zero |
|---|------|
| 2 | two |
| 3 | three |
| 6 | six |

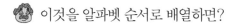 이것을 알파벳 순서로 배열하면?

6, 3, 2, 0

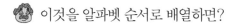 그래! 비밀번호는 6320이야.

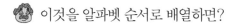 대단하십니다. 판사님, 역시 당신은 수학법정의 지존이십니다.

 판결할 것도 없습니다. 이수로 군은 당장 이 비밀번호를 사용해서 탑시크릿 은행으로부터 돈을 인출하면 되니까요. 아 참! 탑시크릿 은행은 이수로 군이 다시 한 번 비밀번호를 입력할 수 있게 제어 장치를 해제하세요. 이것으로 재판을 마치겠습니다.

아버지의 유산을 찾는 데 성공한 이수로 군은 그 돈으로 과학공화국 최대 규모의 수학 연구소를 만들어 초대 소장이 되었다.

# 이상한 숫자들

규칙 없는 수열은 수열이 아닐까요?

<table>
<tr><td>사건<br>속으로</td><td>

시퀀스 시는 과학공화국 수학 블록 남부에 있는 작은 마을이다. 이 마을은 매년 7월 1일부터 5일 동안 수열 축제를 벌인다. 수열 축제란 5일간의 축제 기간 동안 아무도 풀지 못하는 수열 문제를 낸 사람을 '맨 오브 더 파티'로 정해 많은 상금을 주는 수학 파티였다.

많은 아마추어 수학자들은 '맨 오브 더 파티'가 되기 위해 1년 동안 새로운 수열 문제를 개발하는 데 힘을 쏟았다.

</td></tr>
</table>

드디어 축제가 시작되었다. 많은 참가자들이 문제를 냈지만 대부분은 마지막 전날까지 모두 풀렸고, 마지막까지 풀리지 않은 문제가 있었으니…… 70세의 골수랑 할아버지가 낸 다음과 같은 문제였다.

다음 수열에서 마지막 줄에 들어가야 할 숫자들을 쓰시오.

1

1 1

1 2

1 1 2 1

1 2 2 1 1 1

1 1 2 2 1 3

□ □ □ □ □ □ □

드디어 마지막 날. 제한 시간까지 골수랑 할아버지가 낸 문제를 맞힌 사람은 아무도 없었다. 골수랑 할아버지가 '맨 오브 더 파티'가 되려는 순간이었다. 갑자기 시상대 위로 한 젊은이가 달려왔다.

"골수랑 할아버지가 돌아가셨어요."

그 사람은 청중을 향해 큰 소리로 외쳤다. 사람들이 웅성거리기 시작했고 주최 측은 골수랑 할아버지가 낸 문제의 답을 알 수 없으므로 이번 축제에는 '맨 오브 더 파티'가 없다고 선언한 뒤 축제를 마쳤다.

하지만 골수랑 할아버지의 유일한 혈육이자 친손자인 골나서 군은 할아버지의 명예를 회복해야 한다면서 수학법정에 이 사건을 의뢰했고, 결국 이 문제는 수학법정에서 다루어지게 되었다.

수치 변호사의 집 전화번호는 일정한 기준이나 규칙성 없이
임의로 정한 숫자들이기 때문에 수열이라고 말할 수 없습니다.

| 여기는<br>수학법정 | 골수랑 할아버지의 문제는 수열 문제일까요?<br>수학법정에서 알아봅시다. |
|---|---|

수학짱 판사

예리수 검사

수치 변호사

매쓰 변호사

재판을 시작합니다. 피고 측 변론하세요.

판사님도 보셨다시피 골수랑 씨가 만든 문제는 숫자들을 그저 아무렇게나 나열한 것입니다. 이처럼 규칙성이 없을 때는 그 다음을 예측할 수가 없지요. 판사님께 문제를 내 보겠습니다. 다음에서 □ 안에 들어가야 할 수는 뭡니까?

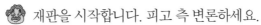

678 393 □

글쎄…….

답은 7입니다.

왜죠?

우리 집 전화번호거든요.

지금 장난하는 거요? 내가 당신 집 전화번호를 어찌 알아?

바로 이것입니다. 이렇듯 아무 규칙도 없이 나열된 수들의 다음에 오는 수, 즉 □ 안에 오는 수는 예측할 수 없습니다. 골수랑 씨의 문제도 그런 경우이므로 원고 측 주장은 터무니없다고 생각합니다.

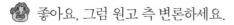 좋아요, 그럼 원고 측 변론하세요.

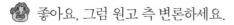 과연 그럴까요? 저는 신기한 수열을 연구하는 모임, 줄여서 신수모의 이상수 회장을 증인으로 요청합니다.

앞머리가 벗겨지고 돋보기안경을 쓴 50대 중반의 신사가 증인석에 앉았다.

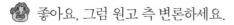 증인은 신기한 수열을 연구하고 있지요?

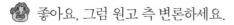 네. 우리는 교과서에 없는, 재미있는 수열을 만들어 사람들에게 보급하고 있습니다.

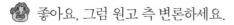 그럼 다음에 나오는 것도 수열입니까?

1

1 1

1 2

1 1 2 1

1 2 2 1 1 1

1 1 2 2 1 3

□ □ □ □ □ □ □ □

 수열이 맞습니다.

🗣️ 그럼 □ 안에는 어떤 수가 들어가야 하죠?

🗣️ 12221131입니다.

🗣️ 어떤 규칙이죠?

🗣️ 간단합니다. 맨 위에 1이 한 개 보이시죠? 그 다음 줄에는 그 윗줄에 어떤 숫자가 몇 번 나오는지 차례대로 적으면 됩니다. 즉 1이 1번 나왔으니까 11이라고 쓴 것입니다. 그 다음 줄은 11에서 1이 2번 나타났으니까 12라고 쓰면 되고, 또 다음 줄은 1이 1번, 2가 1번 나타났으니까 1121이 되는 거지요.

🗣️ 아하! 그럼 1121 다음은 1이 2번, 2가 1번, 1이 1번 나왔으니까 122111이 되는군요.

🗣️ 그렇습니다. 그 다음 줄은 1이 1번, 2가 2번, 1이 3번 나왔으니까 112213이 되지요. 그럼 마지막 줄은 1이 2번, 2가 2번, 1이 1번, 3이 1번 나왔으니까 12221131이 되지요.

🗣️ 판사님, 보셨죠? 증인이 이미 최종 변론을 한 것으로 하겠습니다.

🗣️ 재미있는 수열이군요! 이 문제는 누구에게나 답이 하나로 결정되게 하는 규칙이 있으므로 수학 문제로 볼 수 있습니다.

또한 여러 가지 수열의 범주에 해당하는 문제로 기록될 수 있을 것입니다. 마지막으로 수열 축제의 주최 측에서는 죽은 골수랑 씨를 '맨 오브 더 파티'로 인정할 것을 권고하면서 이상 판결을 마치겠습니다.

이렇게 해서 골수랑 씨는 죽은 후에 골나서 군으로 인해, 수열 축제의 '맨 오브 더 파티'가 되는 영광을 차지했다.

# 네 잎 클로버 사건

꽃잎 속에 들어 있는 수학의
신비는 과연 뭘까요?

**사건
속으로**

한마음 씨는 이번에 아들이 초등학교에 입학했다. 그
는 아들이 학교에 다니는 모습이 대견스러워 한 학기 내
내 아들을 학교에 데려다 주었다.

어느덧 한 학기가 끝나고 여름방학이 되었다. 학교에서
는 초등학생 1학년의 방학 숙제로 꽃잎의 개수가 1개, 2
개, 3개, 4개, 5개, 6개, 7개, 8개인 꽃을 찾아오라고 했다.

방학이 끝나 갈 무렵 아들이 아빠에게 물었다.

"아빠 꽃잎 숙제는요?"

"앗 참! 깜박 잊고 있었네."

한마음 씨는 아들을 차에 태우고 부리나케 숲으로 달렸다. 숲에 도착한 그는 아들의 방학 숙제를 위해 꽃잎의 개수가 1개부터 8개까지인 꽃을 이리저리 찾아 헤맸으나 결국 꽃잎이 4개, 6개, 7개인 꽃은 발견할 수가 없었다.

"도대체 이 꽃들은 어디에 있는 거지?"

한마음 씨는 밤이 어둑해지자 점점 초조해졌다. 그는 이렇게 며칠을 아들과 함께 이 산 저 산을 돌아다녔지만, 어느 곳에서도 꽃잎이 4개, 6개, 7개인 꽃을 발견할 수 없었다.

결국 이들 꽃을 제외하고 숙제를 제출한 아들은 담임선생님께 꾸중을 들었고, 한마음 씨는 무척 속이 상했다.

그래서 한마음 씨는 찾을 수도 없는 꽃을 구해 오라고 시킨 담임선생님을 수학법정에 고소했다.

피보나치수열이란 제1항과 제2항을 1로 하고, 제3항부터는
순차적으로 앞의 두 항을 합한 값이 되는 수열을 말합니다.

**여기는 수학법정**

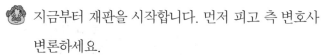

네 장의 꽃잎을 가진 꽃은 정말 없을까요?
수학법정에서 알아봅시다.

수학짱 판사

예리수 검사

수치 변호사

매쓰 변호사

지금부터 재판을 시작합니다. 먼저 피고 측 변호사 변론하세요.

아이들에게 꽃마다 꽃잎의 개수가 다르다는 것을 가르치는 것은 초등학교 자연 수업에서 중요합니다. 그리고 숙제를 통해 자연 속에서 이러한 꽃잎을 찾아보는 것 또한 아이들에게 좋은 교육이 됩니다. 그러므로 교사의 방학 숙제는 정당했고, 이를 찾아오지 못한 한마음 씨의 아들은 성의가 부족했다는 것이 본 변호사의 주장입니다.

그럼 원고 측 변론하세요.

꽃잎 수학 연구소의 이파리 소장을 증인으로 요청합니다.

꽃무늬 원피스를 차려입은 30대 여성이 증인석에 앉았다.

꽃잎 수학 연구소는 뭘 하는 곳이죠?

꽃잎 속에 숨어 있는 수학을 연구하는 곳입니다.

😀 어떤 수학이 숨어 있지요?

😷 꽃잎의 개수가 아무 수나 되는 것이 아니라는 거죠.

😀 그게 무슨 말이죠?

😷 1개, 2개, 3개, 5개, 8개, 13개, 21개, 34개 등 꽃은 특별한 개수
의 꽃잎만을 가질 수 있습니다. 예를 들어 나팔꽃은 꽃잎이 1
개, 기린 꽃은 꽃잎이 2개, 튤립이나 백합은 꽃잎이 3개, 들장미
나 재스민은 꽃잎이 5개, 달리아나 코스모스는 꽃잎이 8개, 칸
나는 꽃잎이 13개, 선인장은 꽃잎이 21개, 데이지는 꽃잎이 34
개…… 이런 식으로 특별한 수의 꽃잎만을 가질 수 있지요.

😀 신기한 수열을 이루는군요.

😷 그렇습니다. 이 수열을 **피보나치수열**이라고 부르지요.


$$1, 2, 3, 5, 8, 13, 21, 34\cdots\cdots.$$


😀 이 수열의 특징은 뭔가요?

😷 앞의 두 항의 합이 그 다음 항의 수와 같은 것이 이 수열의 특징
입니다. 즉 1과 2의 합이 2의 다음 수가 되고, 2와 3의 합이 3의
다음 수가 되는 식이지요.

😀 신기한 수열이군요.

😷 그렇습니다. 이것이 바로 꽃잎 속에 숨어 있는 신비로운 수학이
지요. 이 밖에도 해바라기 씨의 구조, 파인애플 모양 등도 피보

나치수열과 관계가 있습니다.

존경하는 판사님, 이렇게 자연 속에는 수학이 살아 숨 쉬고 있습니다. 이 사건은 자연이 아름다운 수의 배열인 피보나치수열을 좋아해 4장, 6장, 7장짜리의 꽃잎을 만들지 않기 때문에 빚어진 사건이므로 그런 꽃잎을 찾지 못한 한마음 씨와 그의 아들에게는 아무런 책임이 없다고 생각합니다.

오늘 우리는 자연 속의 수학적 신비를 느꼈습니다. 일개 꽃잎들조차 아름다운 피보나치수열을 알고 있다는 것이 새삼 놀랍습니다. 이 사건은 인간이 수학 공부를 해야 하는 이유를 적나라하게 깨닫게 하는 사건이었습니다. 꽃잎의 개수가 4장, 6장, 7장인 꽃이 없다는 것을 몰랐던 담임 교사의 과실이 인정됩니다. 하지만 우리는 이 재판을 통해 자연 속의 수학적 신비에 대해 안 것으로 만족하고, 이 사건은 없었던 것으로 하는 게 좋겠습니다.

재판이 끝나자마자 판사는 식물원으로 달려갔다. 그리고는 꽃잎의 개수를 헤아리면서 짐짓 놀라는 표정을 지었다.

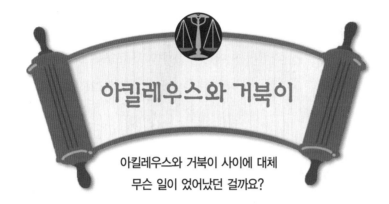

# 아킬레우스와 거북이

아킬레우스와 거북이 사이에 대체
무슨 일이 었어났던 걸까요?

**사건
속으로**

 과학공화국 매쓰 시티에 있는 매쓰로지아 대학의 이제
논 교수는 최근 새로운 수학 논문을 발표했다. 그것은 그
리스 신화에 나오는 영웅 아킬레우스와 거북이에 대한
논문이었다.

 논문의 내용은 이러했다.

 '아킬레우스가 초속 10미터로 달리고 거북이가 초속
1미터로 달릴 때, 거북이가 아킬레우스보다 10미터 앞
에서 출발할 경우 아킬레우스는 영원히 거북이를 따라잡

을 수 없다.'

논문이 발표되자 많은 수학자들이 이제논 교수의 논문에 시비를 걸었다. 그중 가장 격렬하게 이제논 교수의 논문을 걸고넘어진 사람은 매쓰로지아 대학의 라이벌 대학인 막강수학 대학의 최고수 교수였다.

어느 날 최고수 교수가 이제논 교수의 연구실을 찾아왔다. 그는 이제논 교수에게 이렇게 말했다.

"거북이가 어디에서 출발하든 아킬레우스는 거북이를 금방 추월하게 될 것이오. 그건 삼척동자도 다 아는 얘기요."

"과연 그럴까요?"

이제논 교수는 의미심장한 미소를 지었다.

"그럼 당신은 정말 아킬레우스가 거북이를 따라잡지 못한다고 생각하는 거요?"

최고수 교수가 물었다.

"물론이죠."

이제논 교수가 간단하게 대답했다.

"무슨 근거로 그렇게 주장하는 거죠?"

최고수 교수가 빈정대듯 물었다.

"아킬레우스는 거북이보다 10배 빠릅니다. 하지만 거북이가 10미터 앞서 있습니다. 그러므로 아킬레우스가 10미터를 가면 거북이는 그것의 10분의 1인 1미터를 가게 될 것이고, 다시 아킬레우스가 1미터를 쫓아가면 거북이는 그것의 10분의 1인 0.1미터를 앞설 것이며, 다시 아킬레우스가 0.1미터를 따라가면 거북이는 다시 0.01미터를 앞서 있게 될 것입니다. 따라서 거북이는 항상 아킬레우스보다 아주 조금이라도 앞서게 되므로 아킬레우스는 거북이를 영원히 따라잡을 수 없습니다."

이제논 교수가 설명했다.

하지만 최고수 교수는 이제논 교수와 만난 후 기자들과의 인터뷰 자리를 갖고, 이제논 교수가 엉터리 수학 논리로 국민들을 현혹시키고 있다며 이제논 교수를 수학법정에 고소했다.

거북이가 아킬레우스보다 10미터 앞에서 동시에 출발할 경우, 거북이보다 10배 빠른 아킬레우스는 출발 후 $\frac{10}{9}$초 만에 거북이를 따라잡을 수 있습니다.

여기는
수학법정

이제논 교수와 최고수 교수의 말 중 누구의 말이 옳을까요?
수학법정에서 알아봅시다.

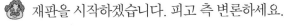

수학짱 판사

예리수 검사

수치 변호사

매쓰 변호사

재판을 시작하겠습니다. 피고 측 변론하세요.

이제논 교수의 아킬레우스와 거북이에 관한 논문
은 정말 쇼킹했습니다. 그리고 이해는 잘 안 되지만
저는 이제논 교수의 주장이 옳다고 생각합니다.

에구…… 저 꼴등 변호사…… 또 헛발질 변론이군!

죄송합니다. 그래도 이해가 안 되는 건 안 된다고
해야지 괜히 아는 척하다간 다칩니다.

정말 한심해서 못 들어 주겠군. 자, 원고 측 변호사!

이제논 교수의 논문의 문제점을 처음으로 지적한
최고수 교수를 증인으로 요청합니다.

최고수 교수가 퉁명스런 표정으로 증인석에 앉았다.

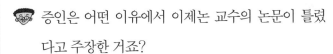

증인은 어떤 이유에서 이제논 교수의 논문이 틀렸
다고 주장한 거죠?

틀린 걸 틀렸다고 하는데 그러면 안 됩니까?

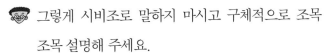

그렇게 시비조로 말하지 마시고 구체적으로 조목
조목 설명해 주세요.

알겠습니다. 하지만 나는 이제논 교수처럼 사기 논문을 쓰는 사람을 정말 혐오합니다.

자! 자! 분을 푸시고 수학적으로 얘기 좀 해 주세요.

이 문제는 알고 보면 간단한 문제입니다. 거북이가 아킬레우스보다 10미터 앞에 있고 둘은 동시에 출발했습니다. 그럼 아킬레우스의 속력이 초속 10미터이므로 아킬레우스가 거북이가 있는 곳까지 가는 데 걸리는 시간은 1초입니다. 그러면 물론 거북이는 1미터 앞서 있겠지요. 그 거리를 아킬레우스가 가는 데 걸리는 시간은 $\frac{1}{10}$초입니다. 그동안 거북이는 다시 $\frac{1}{10}$미터를 갔을 것이고 그 거리를 아킬레우스가 가는 데 걸리는 시간은 $\frac{1}{100}$초입니다. 이런 식으로 따지면 아킬레우스가 거북이를 따라잡는 데 걸리는 시간은 다음과 같이 됩니다.

$$1 + \frac{1}{10} + \frac{1}{100} + \frac{1}{1000} + \cdots \cdots \text{(초)}$$

그건 무한대가 아닌가요?

그렇지 않습니다. 이 값을 □라고 하면 주어진 식은

$$\square = 1 + \frac{1}{10} + \frac{1}{100} + \frac{1}{1000} + \cdots \cdots \text{(초)}$$

가 됩니다. 여기서 조금 조작을 해 보겠습니다.

$$\square = 1 + \frac{1}{10} \times \left(1 + \frac{1}{10} + \frac{1}{100} + \frac{1}{1000} + \cdots \right) \text{(초)}$$

가 되고 그러면 괄호 안이 다시 □가 되지요? 그러므로 다음과
같이 됩니다.

$$\square = 1 + \frac{1}{10} \times \square$$

$$\square = 1 + \frac{\square}{10}$$

$$\square - \frac{\square}{10} = 1$$

$$\frac{9}{10}\square = 1$$

$$\therefore \ \square = \frac{10}{9}$$

즉 우리가 구해야 하는 □의 값은 위의 식을 만족합니다. 위의
식을 만족하는 값은 바로 $\frac{10}{9}$입니다. 그러므로 아킬레우스는
경주를 시작한 후 $\frac{10}{9}$초 만에 거북이를 따라잡게 됩니다. 따라
서 아킬레우스가 영원히 거북이를 따라잡을 수 없다는 이제논
교수의 주장은 옳지 않습니다.

최종 변론은 증인 최고수 교수의 얘기로 대신하겠습니다.

판결합니다. 최고수 교수의 주장대로 $\frac{10}{9}$초 후에는 아킬레우스
가 거북이를 따라잡으므로 영원히 거북이를 따라잡지 못한다고

주장한 이제논 교수의 주장은 잘못되었다고 판결합니다.

이렇게 사람들의 관심을 끌었던 아킬레우스와 거북이의 문제는 최고수 교수의 승리로 막을 내렸다.

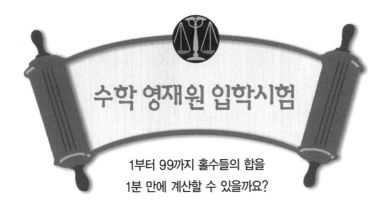

수학 영재원 입학시험

1부터 99까지 홀수들의 합을
1분 만에 계산할 수 있을까요?

과학공화국에서는 수학 영재를 양성하기 위해 국립 수학 영재원을 만들었다. 수학 영재원은 엄격한 기준에 의해 초등학생 수학 영재를 모집했는데 첫해 선발 인원은 10명이었다.

매쓰 시티에 사는 이홀수 씨에게는 초등학교 1학년인 외아들 이짝수 군이 있었다. 이홀수 씨는 자신의 아들을 수학 영재원에 입학시키기 위해 고차원 선생으로부터 과외 수업을 받게 했다.

특별 과외를 받은 이짝수 군의 실력은 점점 향상되어 매쓰 시티에서 그를 모르는 사람이 없을 정도였다.

그러던 어느 날. 이짝수 군은 드디어 수학 영재원 입학시험을 치르게 되었다. 시험장에는 많은 아이들과 학부모들이 나와 있었다. 시험 문제는 다음과 같았다.

다음을 계산하시오.

$$1 + 3 + 5 + 7 + 9 + \cdots\cdots + 97 + 99$$

아이들은 종이를 꺼내 열심히 계산하기 시작했다. 그런데 이짝수 군은 계산할 생각은 하지 않고 주머니에 있던 공기 알 열 개를 이리저리 놓으며 뭔가 궁리만 할 뿐이었다.

그런데 놀라운 일이 벌어졌다. 바로 이짝수 군이 1분 만에 답안을 제출한 것이었다. 이짝수 군이 제출한 답은 2500이었는데 이것은 정답이었다.

심사 위원들은 초등학생이 이렇게 긴 계산을 1분 만에 해결할 수는 없다면서 우연히 문제를 맞혔으므로 정답으로 인정할 수 없다고 주장했다. 그 결과 이짝수 군은 가장 먼저 답을 맞히고도 수학 영재원 입학시험에 떨어지게 되었고, 이에 화가 난 이홀수 씨는 수학 영재원을 수학법정에 고소했다.

연속된 홀수들만의 합은 일정한 규칙을 이루는 수열의
합이며 1부터 어떤 홀수까지의 홀수들만의 합은
홀수들의 개수의 제곱이 된다는 규칙이 있습니다.

이짝수 군은 어떻게 1부터 99까지 홀수들의 합을 1분 만에
계산했을까요? 수학법정에서 알아봅시다.

수학짱 판사

예리수 검사

수치 변호사

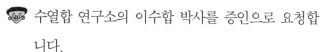
매쓰 변호사

재판을 시작합니다. 먼저 피고 측 변호사 변론하
세요.

이짝수 군은 초등학생입니다. 미리 답을 알지 않고
는 어린 학생이 1부터 99까지 홀수들의 합을 이렇
게 빠르게 계산할 수는 없습니다. 그러므로 수학 영
재원이 내린 결정은 정당하다고 생각합니다.

수치 변호사, 또 수학 없는 변론만 하는군!

뻔한 재판이잖아요?

자, 그럼 이번에는 원고 측 변호사!

수열합 연구소의 이수합 박사를 증인으로 요청합
니다.

검은 양복에 빨간 나비넥타이를 맨, 촌스런 패션의 30
대 남자가 증인석에 앉았다.

수열합 연구소는 뭐하는 곳이죠?

어떤 규칙을 이루는 수들을 수열이라고 부르지요.
이들 수열들의 합을 계산하는 일반적인 방법을 찾

아내는 일을 하고 있습니다.

그럼 1부터 99까지 홀수들만의 합을 1분 만에 찾아낸다는 것이
가능합니까?

네, 가능합니다.

이수합 박사는 자석 칠판에 동그란 자석을 다음과 같이 붙였다.

그게 뭐죠?

1 + 3을 그림으로 나타낸 것입니다.

왜 그런 작업을 하는 거죠?

이수합 박사는 말없이 자석들을 다음과 같이 붙였다.

1 + 3은 이렇게 한 변에 두 개의 자석이 붙어 있는, 사각형 전
체 자석의 개수인 $2^2$을 나타냅니다.

이수합 박사는 자석 칠판에 동그란 자석을 다음과 같이 붙였다.

이것은 1 + 3 + 5를 그림으로 나타낸 것입니다.

이수합 박사는 말없이 자석들을 다음과 같이 붙였다.

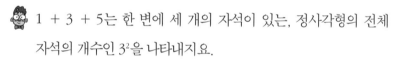

1 + 3 + 5는 한 변에 세 개의 자석이 있는, 정사각형의 전체 자석의 개수인 $3^2$을 나타내지요.

아하! 그러니까 홀수들만의 합은 어떤 수의 제곱과 같아지는군요?

그렇습니다. 1 + 3 + 5는 몇 개의 수를 더하고 있지요?

3개요.

그럼 답은 3의 제곱입니다. 그러니까 1 + 3 + 5 + 7은 $4^2$이 되지요. 그럼 1부터 99까지는 총 몇 개의 홀수가 있지요?

50개입니다.

맞습니다. 그러므로 1부터 99까지 홀수들의 합은 $50^2 = 2500$이 됩니다.

최종 변론을 하겠습니다. 이수합 박사의 증언처럼 1부터 어떤 홀수까지의 홀수들만의 합은 홀수들의 개수의 제곱이 된다는 규칙이 있습니다. 이짝수 군은 짧은 시간 동안 그 규칙을 찾아내서 답을 맞힌 것입니다.

판결합니다. 이짝수 군처럼 오랫동안 계산을 하지 않고 수들의 규칙을 잘 파악하여 답을 찾아가는 자세는 수학 연구에 매우 큰 도움을 주는 일입니다. 그런 면에서 이짝수 군은 다른 지원자들의 수준을 훨씬 뛰어넘는 수학적 천재성을 보여 주었으므로 수학 영재원은 그를 수석 합격자로 인정할 것을 판결합니다.

재판이 끝난 후 이짝수 군은 수학 영재원에 수석 입학했고, 그는 틈틈이 수열합 연구소에서 이수합 박사와 공동 연구를 했다. 그리고 얼마 뒤 두 사람의 논문은 세계적인 수학 잡지인 '아날수열'에 실리게 되었다.

# 수열

    수들이 일정한 규칙에 따라 배열되어 있는 것을 수열이라고 부릅니다.

    다음 수들을 볼까요?

$$1, 2, 3, 4, 5 \cdots\cdots$$

    어떠한 규칙이 있죠? 수가 1씩 커지고 있군요. 그러므로 이것은 수열을 이룬다고 할 수 있습니다.

    그럼 다음 수들을 보세요.

$$1, 3, 5, 7, 9 \cdots\cdots$$

    어떤 규칙이 있나요? 수가 2씩 커지고 있군요. 역시 수열입니다.

    다음 수들을 봅시다.

$$1, 2, 4, 8, 16 \cdots\cdots$$

어떤 규칙이 있죠? 앞의 수에 2를 곱하면 다음의 수가 되지요? 그러므로 이것도 수열을 이룹니다.

이번에는 수들의 규칙을 찾는 것이 좀 더 어려운 경우를 살펴보도록 하지요. 다음 수들을 보세요.

$$1, 2, 4, 7, 11, 16\cdots\cdots$$

규칙이 잘 보이지 않을 때는 두 수의 차이를 생각해 보는 것도 수열의 규칙을 찾는 데 좋은 방법입니다.

$$2 - 1 = 1$$
$$4 - 2 = 2$$
$$7 - 4 = 3$$
$$11 - 7 = 4$$
$$16 - 11 = 5$$
$$\vdots$$

아하! 서로 이웃하는 두 수의 차이가 1, 2, 3, 4, 5……로 변하는군요. 그러므로 수열을 이룹니다.

피보나치수열은 L.피보나치가 1202년 《산술의 서》에서 처음 제기했습니다.

**피보나치수열**

앞의 두 개의 수를 더해 다음 수를 만들어 수를 나열시키는 것을 피보나치수열이라고 부르지요. 피보나치수열을 다시 써 보면 다음과 같습니다.

1, 1, 2, 3, 5, 8, 13, 21, 34, 55, 89, 144……

이러한 규칙을 처음 발견한 사람이 이탈리아의 피보나치라는 수학자였기 때문에 이 수열을 피보나치수열이라고 부르지요.

피보나치수열에는 재미있는 규칙이 숨어 있습니다.

3 이상의 수들만 한번 볼까요?

3, 5, 8, 13, 21, 34, 55, 89, 144……

이제 3 이상의 어떤 수를 앞의 앞의 수로 나눈 몫을 구해 봐요. 8을 3으로 나눈 몫은 2, 13을 5로 나눈 몫은 2, 21을 8로 나눈 몫도 2, 34를 13으로 나눈 몫 역시 2입니다. 정말 이상하지요? 모두 2가 나오니 말이에요. 그게 피보나치수열의 특징이랍니다.

- 3 이상의 피보나치수열에서 어떤 수를 앞의 앞의 수로 나눈 몫은 항상 2이다.

또 한 가지 특징을 찾아볼까요? 3 이상의 어떤 수를 앞의 앞의 수로 나눈 나머지를 구해 봅시다.

$$8 \div 3 = 2 \cdots\cdots 2$$
$$13 \div 5 = 2 \cdots\cdots 3$$
$$21 \div 8 = 2 \cdots\cdots 5$$
$$34 \div 13 = 2 \cdots\cdots 8$$
$$\vdots$$

나머지들만 나열하면 다음과 같습니다.

$$2, \ 3, \ 5, \ 8\cdots\cdots$$

어라! 다시 피보나치수열이 되는군요. 맞아요. 이게 바로 피보나치수열의 두 번째 특징입니다.

- 3 이상의 피보나치수열에서 어떤 수를 앞의 앞의 수로 나눈 나머지는 다시 피보나치수열을 이룬다.

# 정수에 관한 사건

엘리베이터 사용료

지하 15층에서 지상 15층까지의
층수는 정말 30층일까요?

셈스 씨는 과학공화국의 캘큐 시티에 살고 있다. 캘큐 시티는 과학공화국에서 셈을 제일 잘하는 사람들이 모여 살고 있는데 그것은 이 도시에 세계 최대의 셈 연구소인 세므로 연구소가 있기 때문이다. 물론 셈스 씨도 다른 도시에 있는 대학에서 수학을 공부한 후 이 연구소에 지원했다. 그리고 무난히 합격하여 이제 방을 얻는 문제만 남아 있었다.

하지만 캘큐 시티의 모든 사람들이 셈을 잘하는 것은

아니었다. 셈을 잘하는 사람들이 연구소나 증권 회사 또는 은행과 같은 직장에 다니는 반면 아파트 경비와 같은 일을 하는 사람들은 셈을 잘 몰랐다.

셈스 씨는 세므로 연구소 근처에 조용한 오피스텔을 얻었다. 혼자 조용히 연구를 하기 위해서였다. 오피스텔은 지상 100층에 지하 15층인 대형 건물이었는데 지하는 모두 주차장으로 사용되고 있었다.

다른 모든 오피스텔이 그렇듯이 입주자들은 주차장을 추첨에 의해 배정받았는데 15층에 사는 셈스 씨의 주차장은 지하 15층으로 배정되었다.

그런데 이 오피스텔은 엘리베이터 사용료를 희한한 방법으로 책정했다. 즉 주차장에서부터 집까지 엘리베이터를 몇 층 타고 가느냐에 따라 이용하는 층수에 100원을 곱한 값을 매달 지불하는 방식이었다.

한 달 후, 오피스텔의 관리인이 찾아왔다.

"셈스 씨의 엘리베이터 사용 요금은 30 × 100 = 3,000(원)입니다."

관리인이 고지서를 건네주면서 말했다.

"계산이 잘못되었어요. 난 그 돈을 다 낼 수 없어요."

셈스 씨가 항의했다.

이리하여 셈스 씨와 관리인 간의 시시비비는 수학법정에서 가려지게 되었다.

생활 속 정수의 뺄셈에서 가장 중요한 것은 0이 있는가, 없는가 하는 것입니다.

관리인이 고지한 셈스 씨의 엘리베이터 사용료는 과연 정당할까요? 수학법정에서 알아봅시다.

수학짱 판사

예리수 검사

수치 변호사

매쓰 변호사

재판을 시작합니다. 관리인 측 변호사 변론하세요.

셈스 씨는 왜 주차비를 못 낸다는 거죠? 배 째라는 건가요? 낼 건 내고 살아야죠? 아잉~! 그럼 사람들에게 '왕따' 당한단 말이야. 그냥 돈 내고 끝내 버려요. 재판은 무슨 재판?

수치 변호사 또 시작이군! 당신은 우리 수학법정의 수치야.

제가 셈스 씨의 입장을 변론하겠습니다.

그래 우리의 호프 매쓰 변호사, 한번 수학법정답게 보여 주세요.

실망시키지 않겠습니다.

매쓰 변호사는 셈스 씨와 눈을 마주치고는 미소를 지었다.

판사님 3층 밑은 뭐죠?

2층.

2층 밑은요?

🐵 1층.

😎 1층 밑은요?

🐵 지하 1층.

😎 그럼 지하 1층 밑은요?

🐵 지하 2층.

😎 지하 2층 밑은요?

🐵 지하 3층.

😎 좋습니다. 그럼 지하 3층에서 3층까지는 몇 층을 올라가야 하죠?

🐵 6층.

😎 땡! 틀렸습니다. 잘 생각해 보세요.

매쓰 변호사는 칠판에 다음과 같이 썼다.

지하 3층 ➡ 지하 2층 ➡ 지하 1층 ➡ 1층 ➡ 2층 ➡ 3층

🐵 그렇군! 5층만 올라가면 되는군.

😎 그렇습니다. 보통 지상 3층을 +3, 지하 3층을 -3으로 나타내
는데 사실 이것은 문제가 있습니다. 정수의 세계에서 3과 -3 사
이의 거리는 분명히 6입니다. 하지만 건물 층수를 나타낼 때는
0층이 없기 때문에 3층과 지하 3층 사이의 층수는 6층이 아니
라 5층이 되는 거지요. 그러므로 이번 사건은 관리인이 한 층

더 올려서 주차장 사용료를 책정했기 때문에 셈스 씨가 거부한 것입니다.

🐵 생활 속에서 정수의 예를 찾는 데 있어 제일 중요한 것은 0이 있는가, 없는가 하는 것입니다. 온도계는 0도를 표시하는 눈금이 있으므로 영상 3도와 영하 3도 사이에 6도 차이가 납니다. 이것은 정확하게 +3과 −3 사이의 거리에 대응되지요. 하지만 건물의 층수처럼 0층이 없는 경우를 정수로 대응시킬 때는 한 층의 차이가 생긴다는 것을 알게 되었습니다. 그러므로 관리인은 이 점을 고려해서 주차비를 계산한 후, 다시 셈스 씨에게 청구하기 바랍니다.

재판이 끝난 후 관리인은 지상 15층과 지하 15층 사이의 층수인 29에 100을 곱한 2,900원을 셈스 씨에게 청구했다.

# 작대기 달린 숫자

음수를 모르는 나양수 씨가
수학짱이라고요?

**사건
속으로**

　과학공화국 인테저 시에 사는 나양수 씨에게는 초등학
교에 다니는 나실수라는 아들이 있다. 나양수 씨는 동네
에서 조그만 구멍가게를 하고 있는데 워낙 장사가 안 돼
아들을 학원에 보낼 형편이 못 되었다.

　하는 수 없이 그는 아들에게 직접 수학을 가르치기로
결심했다. 하지만 초등학교만 졸업한 나양수 씨가 최근 부
쩍 어려워진 초등 수학을 가르치는 데는 무리가 있었다.

　어느 날 아들이 TV를 보고 있는 나양수 씨에게 와서

물었다.

"아빠, 내일 정수에 대한 시험이 있어요. 그런데 잘 모르는 게 있어서요."

"뭐든 물어보렴. 아빠가 학교 다닐 때 수학짱이었거든."

나양수 씨는 자신만만한 표정으로 말했지만 속으로는 고민하고 있었다. 아들이 얘기한 정수가 뭔지도 잘 몰랐기 때문이었다.

"(-2) × (-2)는 어떻게 계산하지요?"

아들이 물었다.

'숫자 앞에 작대기는 왜 붙었지?'

나양수 씨는 속으로 중얼거렸다. 그리고 한참을 고민한 후에 아들에게 말했다.

"작대기는 그대로 두고 숫자끼리만 곱해."

"아하! 그럼 -4가 되겠군요."

아들은 흡족해하는 표정이었다.

다음 날 아들은 시험지를 받아 들고 너무나 반가워했다. 자신이 아빠에게 물어봤던 문제가 그대로 출제됐기 때문이었다.

하지만 아들은 종례 시간에 선생님이 나누어 주신 답안지를 보고 깜짝 놀라고 말았다. 이유는 (-2) × (-2)의 답이 -4가 아니라 4였기 때문이었다.

곧장 집으로 달려간 아들은 아빠가 잘못 가르쳐 줘서 문제를 틀렸다면서 징징거렸다.

이에 화가 난 나양수 씨는 학교에서 전혀 필요도 없는, 작대기 달린 음수를 가르치고 있다면서 아들이 다니는 학교의 수학 선생님인 이음수 선생님을 수학법정에 고소했다.

정수의 곱에서 양수와 양수의 곱뿐만 아니라 양수와 음수의 곱,
음수와 음수의 곱도 우리 생활 속에서 큰 의미가 있습니다.

음수와 음수의 곱셈은 어떤 의미가 있을까요?
수학법정에서 알아봅시다.

수학짱 판사

예리수 검사

수치 변호사

매쓰 변호사

원고 측 변론하세요.

저도 학교 다닐 때 음수를 왜 배워야 하는지 이해가 되지 않았어요. 혹시 수학을 좋아하는 사람들이 괜히 장난치는 거 아닌가요? 아무튼 저는 전적으로 나양수 씨 의견에 동감합니다. 그러니까 음수는 필요 없다 이겁니다.

정말 들을 얘기가 없군. 피고 측 변론하세요.

음수의 필요성을 알려 주기 위해 음수 연구소의 인테르 박사를 증인으로 요청합니다.

짧은 멜빵바지를 입고 똥배가 심하게 튀어나온 40대의 남자가 증인석에 앉았다.

증인은 음수에 관한 한 최고의 권위자시죠?

부끄럽지만, 사실입니다.

음수는 왜 필요하지요?

산은 높지요? 바다는 깊고요?

당연한 거 아닙니까?

산처럼 지평선보다 위에 있는 곳을 양수로 나타내고 바다처럼 지평선 아래에 있는 곳을 음수로 나타내면 편해요. 또 음수가 가장 중요한 역할을 하는 것은 바로 빚을 계산할 때죠.

돈 빌리는 것 말인가요?

네 맞아요. 예를 들어 변호사님이 20원을 벌었어요. 그리고 친구에게 10원을 빌렸다 치죠. 그럼 변호사님의 소득은 얼마지요?

30원이요.

그렇지 않아요. 20원은 실제로 번 돈이니까 양수로 나타내어 +20으로 해야 하지만, 빌린 돈은 갚아야 할 돈이니까 음수로 나타내면 -10이 되지요. 그러면 변호사님의 돈은 (+20) + (-10) = +10이 되어 실제로 번 돈은 10원이 되는 셈이지요.

또 음수를 쓰는 경우가 있습니까?

온도를 나타낼 때입니다. 물이 어는 온도를 0도라고 부르지요. 0도보다 높은 온도는 영상이라고 하고 양수로 나타냅니다. 반대로 0도보다 낮은 온도는 영하라고 하고 음수로 나타내지요.

자, 그럼 본 문제로 들어가 보죠. 음수와 음수의 곱셈이 양수가 된다는 게 저로서도 이해가 잘 안 돼요.

그럴 거예요. 많은 사람들이 이 문제를 쉽게 설명해 달라고 저희 연구소에 의뢰를 자주 한답니다.

그럼 이해할 수 있게 쉽게 설명해 주시겠습니까?

물론입니다. 온도를 가지고 설명하겠습니다. 오늘을 기준으로 해서 온도가 매일 3도씩 올라가면 4일 후에는 몇 도 올라가죠?

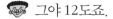 그야 12도죠.

네, 바로 올라간 온도를 양수로, 미래로 가는 날짜 수를 양수로 했을 때 (+3) × (+4) = +12가 되니까 12도가 올라간 겁니다. 이것이 양수와 양수의 곱의 의미이지요. 그럼 매일 3도씩 내려가면 4일 뒤에는 어떻게 될까요?

12도 내려가지요.

잘하시는군요. 내려가는 온도를 음수로 계산하면 이것은 (-3) × (+4) = -12가 되어 12도가 내려갔음을 나타냅니다. 그럼 이번에는 매일 온도가 3도씩 올라갔다면 4일 전 온도는 어땠을 까요?

지금보다 12도가 낮았겠죠.

맞아요. 이렇게 과거로 가는 날짜 수를 음수로 계산하면 (+3) × (-4) = -12를 의미합니다.

음수와 음수의 곱은요?

자, 매일 3도씩 내려가고 있다면 4일 전의 온도는 어땠을까요?

지금보다 12도 높았겠죠.

바로 그것입니다. 3도 내려가는 것을 음수로, 과거로 가는 것을 음수로 계산하면 (-3) × (-4) = +12가 됩니다. 이것이 바로 음수와 음수의 곱의 의미입니다.

잘 들었습니다. 판사님, 보셨죠? 이렇게 음수와 음수의 곱은 우리의 일상생활 속에서 알게 모르게 적용되고 있으므로 원고 측 주장은 그 근거가 희박합니다. 따라서 우리는 음수에 대한 공부도 열심히 해야 한다는 것이 저의 주장입니다.

판결하겠습니다. 피고 측 증인이 온도의 예를 들어 설명한 정수와 정수의 곱셈의 예는 아주 일품이었습니다. 본 판사도 가물가물했던 정수의 곱셈에 대해 이제는 확실하게 이해하게 됐습니다. 모든 사람들이 저와 같은 의견이라고 생각되어 원고 측의 음수는 의미가 없다는 주장은 무시하는 것으로 판결합니다.

재판 후, 인테르 박사는 음수의 곱셈에 대한 연구 결과를 수학 교육 잡지에 실어 널리 사람들에게 알렸다.

**2 = 1 이라고?**

수골리 씨가 수학의 역사를
다시 쓰게 될까요?

**사건
속으로**

매쓰 시티에 수골리라는 이름을 가진 괴짜 수학자가 있었다. 그는 항상 다른 수학자들과는 다르게 엉뚱한 방법으로 수학에 접근했다.

초등학교만 졸업한 그는 독학으로 수학을 공부해 새로운 방식의 수학을 만들겠다는 야무진 꿈을 가지고 있었다.

그러던 어느 날, 수골리 씨는 신문에 다음과 같은 기사를 냈다.

나는 새로운 등식을 발견했다. 그것은 바로 다음과 같다.

$$2 = 1$$

- 수골리

신문을 본 사람들은 모두 깜짝 놀랐다.

"2하고 1이 서로 같다고? 그게 말이 돼?"

"수골리가 또 엉뚱한 짓을 하는군."

"우리가 모르는 신비의 수학이 있는지도 몰라."

사람들은 웅성거리기 시작했다.

이때 과학일보사의 기자가 수골리 씨의 집을 찾았다.

"최근에 2와 1이 같다고 주장하셨죠?"

"물론입니다. 완전히 똑같지요."

수골리 씨가 대답했다.

"증명할 수 있습니까?"

기자가 물었다.

"당연하지요. 하지만 지금 논문으로 준비 중이니 아직은 공개할 수 없습니다."

수골리 씨는 '2=1의 증명'이라는 제목이 쓰여 있는 계산 노트를 기자에게 보여 주었다. 하지만 노트 안의 내용은 절대로 보여 주지 않았다.

수골리 씨의 인터뷰 기사는 다음 날 신문에 났고, 사건은 점점 커

수학에서 0으로 나누는 것은 금지되어 있습니다. 따라서 문자가 포함된 수식의 경우, 혹시 나누려고 하는 수가 0인지 아닌지를 체크할 필요가 있습니다.

졌다. 결국 수학 협회에서는 수골리 씨가 엉터리 수학으로 사람들을 헷갈리게 한다며 그를 수학법정에 고소했다.

수골리 씨는 정말 2와 1이 같다는 것을 증명했을까요?
수학법정에서 알아봅시다.

수학짱 판사

예리수 검사

수치 변호사

매쓰 변호사

🧑‍⚖️ 재판을 시작합니다. 피고 측 변론하세요.

😮 이 재판은 정말 맡고 싶지 않았는데…… 어쩔 수
없이 맡게 되었어요. 제게는 좀 어려운 사건인 것
같네요. 아무튼 저는 증인으로 수골리 씨를 부르겠
습니다.

수골리 씨가 조그만 칠판을 들고 입장했다.

😮 2하고 1이 같다는 게 사실입니까?

😊 그렇습니다.

😮 그럼 이 자리에서 증명해 보세요.

😊 안 그래도 충분히 준비해 왔습니다. 우선 0이 아닌
어떤 두 수, 즉 a, b가 있다고 해 보죠. 그리고 이 두
수가 같다고 해 봅시다. 그럼 다음과 같이 됩니다.

$$a = b$$

이 식의 양변에 똑같이 a를 곱해 보죠. 그럼 다음과 같이
됩니다.

$$a^2 = ab$$

이 식의 양변에서 b²을 빼면

$$a^2 - b^2 = ab - b^2$$

이 되지요? 그리고 양변을 인수분해하면

$$(a - b)(a + b) = (a - b)b$$

가 됩니다. 이제 양변을 (a - b)로 나누면

$$a + b = b$$

가 되는데, a와 b가 같다고 했으니까

$$2b = b$$

가 되지요? 이 식의 양변을 b로 나누면

$$2 = 1$$

이지요? 맞지요?

놀라운 수학입니다. 이제 우리는 2를 배울 필요가 없겠네요. 1
만 있으면 되니까…… 정말 수학을 싫어하는 사람들에게 꿈과
희망을 주시는군요.

원고 측 변론하세요.

이것은 잘못된 증명 과정입니다. 증인 수골리 씨에게 묻겠습니다. 어떤 수를 0으로 나눌 수 있습니까?

수학에서 0으로 나누는 것은 금지되어 있습니다.

그렇죠? 그럼 이제부터 당신의 증명의 문제점을 지적하겠습니다. 증인은 $(a - b)(a + b) = (a - b)b$에서 양변을 $(a - b)$로 나누면 $a + b = b$가 된다고 했지요?

네, 그렇습니다.

증인은 처음에 a와 b가 같다고 가정했지요?

그렇습니다.

그렇다면 a−b는 항상 0이지 않습니까? 그럼 당신의 증명 과정에서 양변을 0으로 나누었다는 얘기가 되는데…….

헉! 내가 그랬나?

증인 수골리 씨는 얼굴이 빨개진 채 증인석을 떠났다.

판결합니다. 매쓰 변호사와 수골리 씨의 대결은 매쓰 변호사의 KO 승입니다. 문자로 적혀 있다고 무조건 양변을 똑같이 나눌 수는 없습니다. 지금의 예처럼 문자로 되어 있을 때, 혹시 나누려고 하는 수가 0인지 아닌지를 체크할 필요가 있습니다. 그러므로 수골리 씨의 논문은 엉터리 논문으로 판정합니다.

재판 후 수골리 씨의 논문은 엉터리로 판명됐다. 결국 2=1이라는 그의 주장이 거짓으로 드러난 것이다.

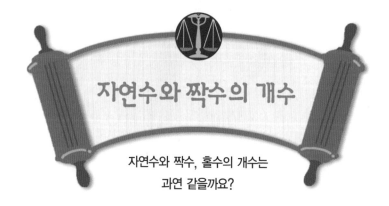

# 자연수와 짝수의 개수

자연수와 짝수, 홀수의 개수는
과연 같을까요?

**사건
속으로**

과학공화국 매쓰 시티에 있는 인테저 대학에는 우수한
능력의 수학자들이 많이 있었다. 그중에서도 정수론을
연구하는 아베르 씨는 자연수의 연구에 관한 한 최고의
권위자였다.

그는 자연수는 두 종류, 즉 짝수와 홀수로 나누어진다
며 짝수와 홀수의 성질과 그 차이에 대한 논문을 준비 중
이었다. 그러던 어느 날 아베르 씨는 깊은 고민에 잠겼다.

이유는 짝수와 자연수 중에서 어느 게 더 많은지를 밝

혀내려고 했기 때문이다. 예를 들어 10 이하의 짝수는 2, 4, 6, 8, 10으로 모두 5개이고, 자연수는 1부터 10까지 총 10개이므로 자연수가 더 많았다. 그것도 자연수의 개수는 짝수의 개수의 두 배가 되었다.

하지만 자연수나 짝수가 모두 무한했기 때문에 과연 모든 자연수와 짝수를 대상으로 했을 때도 자연수의 개수가 짝수의 개수의 두 배가 되는 것인지…… 그는 확인하고, 증명하고 싶었다.

며칠을 이 문제에 빠져 있던 아베르 씨는 드디어 중요한 결론을 내렸다. 그것은 자연수와 짝수의 개수가 정확히 같다는 것이었다.

이것은 일대 파란을 예고하는 일이었다. 어느 누구에게 물어보아도 짝수보다는 자연수가 더 많다고 답할 것이기 때문이었다. 하지만 아베르 씨는 짝수와 자연수의 개수가 같다는 주장을 굽히지 않고 이를 논문으로 정리해서 수학 협회에 제출했다.

그렇지만 수학 협회의 태도는 냉담했다. 그들의 답변은 자연수의 개수가 짝수의 개수와 같다면, 홀수의 개수가 0이 되므로 모순이 된다는 것이었다. 수학 협회는 이런 이유로 아베르 씨의 논문을 거부했다.

하지만 아베르 씨의 생각은 달랐다. 자연수와 짝수는 무한히 대응될 수 있기 때문에 이들의 개수는 같다는 것이었다. 수학 협회의 주장을 납득할 수 없었던 아베르 씨는 결국 수학 협회를 수학법정에 고소했다.

대상의 개수가 무한개인 자연수와 짝수는 서로 일대일 대응이 이루어집니다.

자연수와 짝수의 개수는 같을까요? 수학법정에서 알아봅시다.

수학짱 판사

예리수 검사

수치 변호사

매쓰 변호사

재판을 시작합니다. 피고 측 변론하세요.

자연수에는 짝수와 홀수가 있습니다. 판사님, 자연수를 한번 소리 내어 읽어 보세요.

1, 2, 3, 4…….

스톱!!

아이고, 깜짝이야.

우선 4까지만 볼까요? 짝수는 2, 4이고 홀수는 1, 3이죠? 그러니까 짝수는 2개, 홀수도 2개, 자연수는 4개이지요? 자연수의 개수와 짝수의 개수가 대체 뭐가 같다는 겁니까?

알겠소. 그럼 원고 측 변론하세요.

넘버 연구소의 간도르 박사를 증인으로 요청합니다.

흰 수염을 길게 기른 할아버지 한 분이 증인석에 앉았다.

간도르 박사님이 맞습니까?

맞습니다.

난 또 웬 도사님이 오신 줄 알았습니다. 자연수의

개수와 짝수의 개수가 같다는 주장에 대해서 어떻게 생각하십니까?

당연히 같습니다.

그럼 자연수의 개수와 홀수의 개수, 짝수의 개수가 모두 같다는 말씀입니까?

네, 그렇습니다.

어째서 그렇죠?

자연수는 1, 2, 3, 4…… 이런 식으로 끝이 없습니다. 또한 짝수도 2, 4, 6, 8…… 과 같이 끝이 없지요. 이렇게 숫자의 대상이 무한대인 개수로 증가할 때는 우리가 상상할 수 없을 정도로 어마어마하게 큰 수가 되지요. 즉, 대상의 개수가 무한대일 때는 두 대상이 일대일 대응을 이룹니다. 때문에 두 대상의 개수는 같다고 볼 수 있죠.

어떻게 일대일 대응을 이룬다는 거죠?

다음과 같이 일대일 대응을 시키면 되지요.

$$1 \quad 2 \quad 3 \quad 4 \quad \cdots\cdots$$
$$\downarrow \quad \downarrow \quad \downarrow \quad \downarrow$$
$$2 \quad 4 \quad 6 \quad 8 \quad \cdots\cdots$$

즉 자연수 각각에 대한 두 배의 수를 항상 짝수 중에서 찾을 수 있게 됩니다. 그럼 계속해서 서로의 짝이 맞게 되는데 이런 것을 일대일 대응이라고 합니다.

잘 알겠습니다. 판사님, 지금 증인의 얘기처럼 대상의 개수가 유한개일 때와 무한개일 때는 그 개수의 많고 적음을 나타내는 방법이 다릅니다. 대상의 개수가 무한개인 자연수와 짝수는 서로 일대일 대응이 이루어집니다. 따라서 자연수와 짝수의 개수가 같다는 아베르 박사의 논문은 옳다고 생각합니다.

판결합니다. 무한과 유한에 대한 아주 심오한 차이를 알게 되었습니다. 원고 측이 주장한 대로 무한개의 대상과 유한개의 대상은 그 개수를 헤아리는 방법이 각각 다르다는 점을 인정하여 자연수와 짝수의 개수가 같다는 원고 측 주장이 옳다고 판결합니다. 그러므로 수학 협회에서는 아베르 박사의 논문을 반드시 다음 호에 실어, 많은 이들이 이 '놀라운' 사실을 알 수 있게 하세요.

이후 아베르 박사는 간도르 소장과 공동으로 열심히 수학 연구를 했고, 훌륭한 논문들을 세계적인 수학 잡지에 연이어 발표했다.

# 0의 성질

0이 가지고 있는 성질에 대해 알아 볼까요? 우선 덧셈에 대해서 살펴보도록 하죠.

$$A + 0 = A$$

아하! 다음과 같은 성질이 있군요.

● 어떤 수에 0을 더하면 그 수 자신이 된다.

그렇다면 곱셈에 대해서는 어떤 성질이 있을까요? 여러분, 전화기에 써 있는 수를 모두 곱하면 얼마지요? 이것을 계산할 때 1에 2를 곱하고 그 결과에 3을 곱하는 식으로 모든 수를 곱하는 학생은 없겠지요? 왜냐하면 답은 0이기 때문이에요. 전화기에 적힌 10개의 수에는 0이 포함되어 있어요. 0과 어떤 수의 곱은 항상 0이 된답니다.

$$A \times 0 = 0$$

아하! 다음과 같은 성질이 있군요.

● 어떤 수에 0을 곱하면 항상 0이다.

0으로 나누면 안 돼요.

0을 3으로 나누면 뭐가 되지요? 0 ÷ 3 = 0이지요. 그러니까 0을 0이 아닌 수로 나누면 0이 되지요. 그렇다면 어떤 수를 0으로 나누면 뭐가 될까요? 예를 들어 3을 0으로 나누면 얼마일까요? 답은 없습니다. 왜냐하면 어떤 수를 0으로 나누는 것을 수학에서는 금지하고 있기 때문입니다.

왜 금지했을까요? 0으로 나누는 것을 인정한다면 많은 혼란이 오기 때문입니다. 0으로 나눌 수 있다고 가정해 볼까요?

$$2 \times 0 = 0$$

이니까, 양변을 0으로 나누면 다음과 같습니다.

$$2 \times 0 \div 0 = 0 \div 0$$

여기에서 $0 \div 0 = 1$이라고 한다면 2=1이 됩니다. 이건 말도 안 되는 일이지요? 이런 일이 생긴 것은 어떤 수를 0으로 나눌 수 있다고 가정했기 때문이지요. 그래서 수학에서는 0으로 나누는 것을 금지하고 있는 것입니다.

# 음수

음수는 어디에 쓰일까요? 온도계를 한번 볼까요?

물이 얼음이 되는 온도를 0도라고 하고 그보다 1도 높으면 영상 1도라고 하며, +1로 나타내지요. 그럼 0도보다 1도 낮으면 뭐라고 할까요? 영하 1도라고 합니다. 그리고 이것은 –1로 나타내지요.

영상의 온도는 항상 0도보다 높습니다. 반대로 영하의 온도는 항상 0도보다 낮습니다. 따라서 모든 양수는 음수보다 큽니다. 또한 영상은 0도보다 높고 영하는 0도보다 작으므로 양수는 0보다 크고 음수는 0보다 작습니다.

$$양수 > 0 > 음수$$

영하 1도와 영하 2도 중 언제 더 추울까요? 당연히 영하 2도일 때이지요. 영하 1도는 –1로 영하 2도는 –2로 나타내며, –1은 –2보다 큽니다. 음수에는 다음과 같은 성질이 있습니다.

- 음수에서는 –부호를 뗀 수가 작을수록 큰 수이다.

음수를 사용하는 또 다른 예를 볼까요? 여러분은 지금 돈을 얼마나 가지고 있나요? 하나도 없다고요? 그럼 0원을 가지고 있는 거예요. 불쌍하게도 돈이 하나도 없군요. 그런데 갑자기 여러분의 친구가 여러분에게 생일 초대를 한 거예요. 선물을 사 가지고 가야 하는데…… 어떡하죠? 그래서 여러분은 형에게 1000원을 빌려 친구에게 선물을 사 주었어요. 그럼 여러분은 얼마를 가지고 있나요? 0원이라고요? 아니에요. 만일 여러분에게 1000원이 생기면 형에게 주어야 하니까요. 따라서 여러분은 -1000원을 가지고 있는 것이지요. 빚은 이렇게 음수의 개념이며, 음수로 나타내지요. 만약 빚을 지지 않고 1000원을 가지고 있다면 여러분은 +1000원을 가지고 있는 거예요.

　● 실제로 가지고 있는 돈은 양수로, 빌린 돈은 음수로 나타낸다.

　양수와 음수를 쓰는 경우의 예를 또 들어 볼까요? 여러분을 기준으로 해서 매쓰몬은 동쪽으로 10m 떨어진 곳에 있고, 마

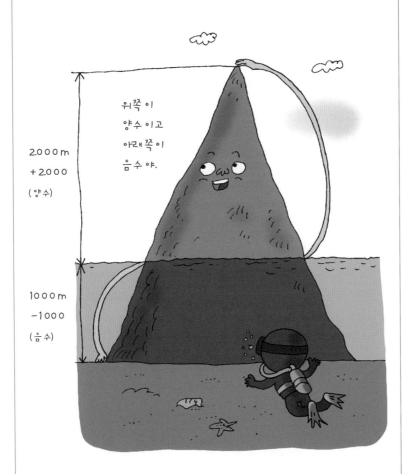

위쪽이
양수이고
아래쪽이
음수야.

2000m
+2000
(양수)

1000m
-1000
(음수)

양수는 0보다 크고 음수는 0보다 작은 수입니다.
따라서 모든 양수는 음수보다 큽니다.

스는 서쪽으로 10m 떨어진 곳에 있어요. 이 두 사람의 위치를 어떻게 나타낼까요?

이때 동쪽으로 10m 떨어진 곳을 +10으로 나타낸다면, 서쪽으로 10m 떨어진 곳은 -10으로 나타낸답니다.

마찬가지로 높이가 2000m인 산의 높이를 +2000이라 한다면, 깊이가 1000m인 바다 속의 깊이는 -1000이라 할 수 있습니다.

# 정수의 덧셈과 뺄셈

### 정수의 덧셈

이제 정수의 덧셈과 뺄셈에 대해 알아볼까요?

부호가 같은 두 정수의 덧셈에 대해 정리해 보도록 하지요. 부호가 같은 두 정수를 계산할 때는 다음의 요령을 쓰면 됩니다.

〔1단계〕 부호는 공통의 부호이다.

〔2단계〕 부호를 뺀 두 수의 합이 수 부분이 된다.

예를 들면 다음과 같아요.

$$(+2) + (+3) = +5$$
$$(-2) + (-3) = -5$$

그럼 부호가 다른 정수의 덧셈에 대해 요약해 볼까요? 다음과 같은 요령을 쓰면 됩니다.

〔1단계〕 부호를 뺀 수가 큰 쪽의 부호이다.

〔2단계〕 부호를 뺀 수의 차이가 수 부분이 된다.

$$(+3) + (-4) = -1$$
$$(-3) + (+4) = +1$$

### 정수의 뺄셈

정수에서 정수를 뺄 때는 빼는 수의 부호를 바꾸고 뺄셈을 덧셈으로 바꿔 주면 됩니다. 정수에서 정수를 뺄 때는 모두 네 가지의 경우로 나누어 생각해 볼 수 있으며 위에서 설명한 원칙은 모든 정수의 뺄셈에서 성립합니다.

그러면 정수의 뺄셈에 대한 모든 경우의 예를 들어 설명해 볼까요?

- 양의 정수에서 양의 정수를 빼는 경우

  $(+2) - (+3) = (+2) + (-3) = -(3-2) = -1$

- 양의 정수에서 음의 정수를 빼는 경우

  $(+3) - (-4) = (+3) + (+4) = +7$

- 음의 정수에서 음의 정수를 빼는 경우

  $(-2) - (-4) = (-2) + (+4) = +2$

- 음의 정수에서 양의 정수를 빼는 경우

  $(-1) - (+3) = (-1) + (-3) = -(1+3) = -4$

# 제5장

# 진법에 **관한** 사건

**이진법_ 어느 수학자의 죽음**
호랑이는 죽어서 가죽을 남겼어요.
페르 박사는 죽어서 무엇을 남겼을까요?

**키와 부피_ 걸리버 여행기 사건**
걸리버는 소인국 사람들이 먹는 밥의 양보다
얼마나 더 먹어야 배부를까요?

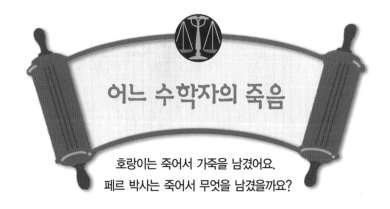

# 어느 수학자의 죽음

호랑이는 죽어서 가죽을 남겼어요.
페르 박사는 죽어서 무엇을 남겼을까요?

**사건
속으로**

　　과학공화국 중부의 수학 도시 바이노미알 시티에서 살
인 사건이 일어났다. 공화국 최고의 수학자인 페르 박사
가 죽은 것이다. 그런데 페르 박사의 시신 옆에서 그가
죽어 가면서 쓴 것으로 보이는, 피로 쓴 다음과 같은 숫
자가 발견됐다.

20 - 5 - 18 - 18

하이루 경찰은 그 숫자들을 유심히 바라보았다. 피로 쓰인 숫자들의 근처에는 다섯 장의, 신기한 카드들이 아무렇게나 펼쳐져 있었다. 이 다섯 장의 카드 맨 위에는 서로 다른 숫자가 쓰여 있었고, 그 아래에는 각 카드마다 다음과 같은 알파벳이 쓰여 있었다.

카드1 : A C E G I K M O Q S U W Y

카드2 : B C F G J K N O R S V W Z

카드4 : D E F G L M N O T U V W

카드8 : H I J K L M N O X Y Z

카드16 : P Q R S T U V W X Y Z

"이 카드들과 박사가 쓴 네 개의 숫자 사이에 무슨 관계가 있을 텐데……."

하이루 경찰은 깊은 생각에 잠겼다. 하지만 사건은 더 이상 진전될 기미가 보이지 않았다. 그러던 중 하이루 경찰은 페르 박사의 집 앞을 서성거리던 한 젊은이를 발견하고, 그를 붙잡았다.

그 사람은 페르 박사의 조수인 아무르라는 청년으로 최근 페르 박사의 연구를 돕고 있었다. 마침 현장을 조사하던 하이루 경찰은 페르 박사의 방에서 아무르의 지문을 수없이 발견하고, 그를 페르 박사의 살인 용의자로 지목했다.

　그러나 아무르는 자신은 결백하다면서 매쓰 변호사에게 재판을 의
뢰했다.

이진수 111011(2)을 십진수로 나타내면

$$111011(2) = 1 \times 2^5 + 1 \times 2^4 + 1 \times 2^3 + 0 \times 2^2 + 1 \times 2^1 + 1 \times 2^0$$

$$= 32 + 16 + 8 + 0 + 2 + 1 = 59(10)$$입니다.

수학짱 판사

예리수 검사

수치 변호사

매쓰 변호사

재판을 시작합니다. 우선 검사 측 의견을 들어봅시다.

사건을 맡은 예리수 검사입니다. 우선 이 사건이 왜 수학법정으로 넘어왔는지 잘 이해가 안 됩니다. 이건 어디까지나 살인 사건이므로 일반 법정에서 형사 재판을 해야 합니다. 아무튼 현장의 수많은 지문들은 아무르가 범인임을 입증하는 것이므로 이 사건은 더 이상 재판할 필요가 없다고 생각합니다.

나도 이 사건이 왜 수학과 관련이 있는지 모르겠소. 용의자 아무르의 변호사, 한번 말해 보시오.

아무르 군을 증인으로 요청합니다.

초췌한 얼굴에 잔뜩 긴장한 아무르가 증인석에 앉았다.

증인은 페르 박사의 조수였죠?

네, 그렇습니다.

그럼 페르 박사의 집을 수시로 드나들었겠군요.

물론이지요.

🤓 페르 박사의 심부름을 하다가 방에 있는 가구나 물건들을 많이 만지게 됐을 거고요.

👴 네, 맞습니다.

🤓 아무르 군의 지문은 페르 박사와 함께 일했을 당시 생긴 것이므로 이번 사건의 증거로는 채택할 수 없다고 생각합니다. 그보다는 현장에서 발견된 다섯 장의 카드와 페르 박사가 죽어 가면서 쓴 네 개의 수가 진범을 추측할 수 있는 증거물이라 생각합니다. 증인에게 묻겠습니다. 페르 박사의 최근 연구 주제는 뭐였죠?

👴 이진법에 대한 연구였습니다.

🤓 0과 1만으로 모든 수를 나타내는 방법 말인가요?

👴 네, 그렇습니다.

🤓 판사님, 잠시 휴정을 요청합니다.


매쓰 변호사는 뭔가가 생각난 듯, 다섯 장의 카드를 들고 잠시 사라졌다. 잠시 후, 다시 재판이 계속되었다.


👨‍⚖️ 다시 재판을 시작합니다. 원고 측 계속해 주세요.

🤓 판사님, 카드의 암호가 풀렸습니다. 죽어 가던 페르 박사가 이진법을 이용해 암호를 쓴 것입니다.

👨‍⚖️ 알기 쉽게 설명하세요.

🧑 페르 박사가 쓴 네 개의 숫자는 다섯 장의 카드에 있는 숫자로, 다음과 같이 나타낼 수 있습니다.

$$20 = 16 + 4$$
$$5 = 4 + 1$$
$$18 = 16 + 2$$

자! 이제 모두들 암호 카드를 한번 보세요. 20은 16번 카드와 4번 카드에만 있는 알파벳입니다. 따라서 T가 됩니다.

👴 가만…… 16번 카드와 4번 카드에 있는 게 T만은 아니잖소? 내가 얼핏 보기에는 U, V, W도 16번 카드와 4번 카드에 있는데…….

🧑 판사님은 조사의 힘을 모르시는군요.

👴 그게 무슨 말이오?

🧑 제가 16번 카드와 4번 카드에 있는 알파벳이라고 했나요?

👴 그렇지요.

🧑 아닙니다. 저는 16번 카드와 4번 카드에만 있는 알파벳이라고 했습니다. 여기서 '만'이라는 조사는 아주 중요합니다. 예를 들어 U는 16번 카드와 4번 카드 이외에 1번 카드에도 있습니다. 그러므로 U를 나타내려면 U가 들어 있는 모든 카드의 번호를 합친 $1 + 4 + 16 = 21$로 나타내야 합니다.

허허! 조사 하나에 큰 차이가 있군요.

마찬가지로 5는 1번 카드와 4번 카드에만 있는 알파벳, 즉 E가 됩니다. 이런 식으로 하면 18은 16번 카드와 2번 카드에만 있는 알파벳인 R이 되지요. 그러니까 20 – 5 – 18 – 18은 TERR(테르)를 뜻합니다. 즉 범인은 TERR입니다.

놀랍군요! 매쓰 변호사. 자, 재판은 끝났소. 아무르는 무죄입니다. 검찰은 당장 TERR를 잡아 오세요.

재판이 끝난 후, 경찰은 페르 박사의 조수로 근무한 적이 있던 TERR의 집을 덮쳤다. 그리고 그의 집에서 페르 박사의 이진법을 이용한 새로운 암호 프로젝트 기획안을 발견한 경찰은 TERR를 페르 박사의 살인 용의자로 체포했다.

# 걸리버 여행기 사건

걸리버는 소인국 사람들이 먹는 밥의
양보다 얼마나 더 먹어야 배부를까요?

**사건
속으로**

장다리 씨는 키가 2미터나 되는 거구였다. 그는 최근
에 과학공화국에서 제일 큰 기업인 사이조아 기업에 신
입 사원으로 들어갔다. 사이조아 기업에서는 모든 신입
사원들에게 일주일 동안 의무적으로 합숙을 시켰다. 합
숙 장소는 매쓰 시티 외곽에 있는 수련원이었다.

연수를 받으러 떠난 장다리 씨는 그곳에서 키가 150센
티미터인 작은 키의 동료 사원, 꺼꾸리 씨와 같은 방을
쓰게 되었다. 대부분의 프로젝트를 두 사람이 함께 진행

해야 했기 때문에 장다리 씨와 꺼꾸리 씨는 사이좋게 지냈다.

하지만 남보다 유난히 키가 큰 장다리 씨에게는 식사 시간이 가장 큰 문제였다. 식사는 수련원 1층에 있는 식당에서 배급을 받았는데, 밥을 퍼 주는 아줌마들의 기준이 장다리 씨에게는 만족스럽지 않았기 때문이었다.

식당 아줌마들은 식판을 가지고 온 사람을 흘깃 보고는 키에 비례하여 밥의 양을 결정했다. 예를 들어 장다리 씨와 꺼꾸리 씨가 함께 식사를 하러 가면, 두 사람의 키의 비가 4 : 3이므로 장다리 씨와 꺼꾸리 씨의 밥의 양도 4 : 3의 비로 주었던 것이다.

결국 밥의 양이 모자라 항상 허기가 졌던 장다리 씨는 연수가 끝날 무렵 영양실조로 병원에 입원하고 말았다. 그리고 그는 자신이 영양실조에 걸린 것은 연수원 식당 아줌마 때문이라며 수학법정에 고소했다.

부피란 입체가 점유하는 공간 부분의 크기로 정의할 수 있습니다.

장다리 씨는 꺼꾸리 씨가 먹는 식사량의 몇 배를 먹어야 배가 부를까요? 수학법정에서 알아봅시다.

수학짱 판사

예리수 검사

수치 변호사

매쓰 변호사

 재판을 시작합니다. 먼저 피고 측 변론하세요.

 식당 아줌마들이 밥을 퍼줄 때 알 수 있는 정보는 오직 식판을 들고 있는 사람의 키입니다. 따라서 아줌마들은 키가 큰 사람에게는 밥을 많이 주고, 작은 사람에게는 적게 주었던 겁니다. 그런데 그게 뭐 잘못됐나요? 저는 식당 아줌마들이 잘못한 게 전혀 없다고 생각하는데요.

알았어요. 원고 측 변론하세요.

판사님은 혹시 《걸리버 여행기》를 읽어 보셨나요?

그 책을 안 읽어 본 사람이 어디 있습니까?

그렇죠. 걸리버가 소인국에 도착했을 때, 걸리버의 키는 소인국 사람들의 키보다 정확히 12배나 컸습니다. 그럼 혹시 소인국 사람들이 걸리버에게 자신들이 먹는 한 끼 식사의 몇 배를 주었는지 아십니까?

글쎄요. 하도 오래전에 읽은 책이라…….

1,728배입니다.

뭐가 그리 많은 거죠?

걸리버의 키는 소인국 사람들의 키보다 12배가 큽니다. 그런데 사람이 먹는 음식의 양은 정확하게 위의 크기에 비례하고, 위의 크기는 사람의 부피에 비례한다고 볼 수 있습니다. 따라서 키가 소인국 사람들의 12배인 걸리버의 부피는 소인국 사람들의 부피의 $12^3$인 1,728배가 됩니다. 그래서 소인국 사람들은 자신들이 먹는 한 끼 식사의 1,728배의 양을 걸리버에게 주었던 것입니다.

그럼 이 경우는 어떻게 되나요?

마찬가지입니다. 장다리 씨와 꺼꾸리 씨의 키의 비가 4 : 3이라면 그 둘의 부피의 비는 $4^3 : 3^3 = 64 : 27$이 됩니다. 그러므로 장다리 씨와 꺼꾸리 씨의 밥의 양은 이 비율로 결정되어야 합니다.

판결합니다. 원고 측 변호사의 주장대로 사람이 먹는 음식의 양은 키가 아닌 부피에 비례해야 한다는 생각에 동의합니다. 잘못된 비율로 장다리 씨에게 밥을 배급해 장다리 씨가 영양실조에 걸렸으므로, 그 책임은 연수원 식당 아줌마들에게 있다고 판결합니다. 앞으로 식당 아줌마들은 사람들에게 밥을 줄 때, 키의 세제곱에 비례하는 양을 배급할 것을 권고합니다.

그 후 연수원 식당 아줌마들은 연수원생들의 사진과 키가 부착된 서류를 제출받아, 키의 세제곱에 비례하는 양의 밥을 나누어 주었다.

# 이진법 이야기

이제 이진법에 대해 알아볼까요? 이진법에서는 2가 되면 윗자리 수로 1이 되어 올라갑니다. 이진법의 자연수 중 가장 큰 수는 1입니다. 1에 1을 더하면 2가 되는데 이진법에서는 2라는 숫자는 사용할 수 없고, 한 자릿수 위로 올라가 1이 됩니다. 그래서 10이 되지요. 물론 이때의 10은 '십'이라고 읽지 않고, '일공'이라고 읽어야 합니다. 예를 들어 110은 '일일공'이라고 읽습니다.

십진법의 전개식처럼 이진법의 수도 이진법의 전개식으로 나타낼 수 있습니다. 110을 이진법의 전개식으로 나타내면 다음과 같습니다.

$$110_{(2)} = 1 \times 2^2 + 1 \times 2^1 + 0 \times 2^0$$

맨 앞의 1은 $2^2$의 자릿수, 두 번째 1은 $2^1$의 자릿수, 마지막 0은 $2^0$의 자릿수입니다.

재미있는 수들이 나오겠군요. $10_{(2)}$보다 1이 더 큰 수를 구하려면, 낮은 자릿수를 채우면 되므로 $11_{(2)}$이 됩니다. $11_{(2)}$보

다 1이 더 큰 수는 어떻게 될까요? 일의 자릿수끼리 더하면 2가 되어 1이 올라가고 $2^0$의 자릿수는 0이 됩니다. 위의 자릿수로 올라간 1과 $11_{(2)}$의 $2^1$의 자릿수 1이 더해져 1이 $2^2$자리로 올라가면 $2^1$의 자릿수도 0이 됩니다. 따라서 이진법에서는 $11_{(2)}$보다 1이 큰 수는 $100_{(2)}$이 됩니다.

십진법의 수를 이진법의 수로 바꾸면 어떻게 될까요? 11을 이진법의 수로 나타내 볼까요?

　11을 2로 나누면 몫은 5이고, 나머지는 1이므로 다음과 같이 씁니다.

$$
\begin{array}{r|l}
2 & 11 \\
\hline
& 5 \quad \cdots \quad 1
\end{array}
$$

5를 2로 나눈 몫과 나머지를 같은 방법으로 씁니다.

$$
\begin{array}{r|l}
2 & 11 \\
\hline
2 & 5 \quad \cdots \quad 1 \\
\hline
& 2 \quad \cdots \quad 1
\end{array}
$$

다시 2를 2로 나눈 몫과 나머지를 같은 방법으로 씁니다.

$$
\begin{array}{r}
2 \,)\, 11 \\
2 \,)\, \underline{\phantom{1}5\phantom{1}} \cdots 1 \\
2 \,)\, \underline{\phantom{1}2\phantom{1}} \cdots 1 \\
1 \cdots 0
\end{array}
$$

이제 밑에서부터 거꾸로 쓰면 이진법의 수가 됩니다.

$$
\begin{array}{r}
2 \,)\, 11 \\
2 \,)\, \underline{\phantom{1}5\phantom{1}} \cdots 1 \\
2 \,)\, \underline{\phantom{1}2\phantom{1}} \cdots 1 \\
1 \cdots 0
\end{array}
$$

그러니까 십진법의 수 11을 이진법의 수로 바꾸면 이진법의 수 $1011_{(2)}$(일영일일)이 되는 거지요.

# 차원 이야기

앞에서 우리는 걸리버의 키가 소인국 사람들 키의 12배이므로 걸리버의 부피는 소인국 사람들 부피의 12의 세제곱 배가 된다고 했습니다. 이 내용을 좀 더 잘 이해하기 위해서는 차원에 대해 알 필요가 있습니다.

차원이란 말은 많이 들어 봤지요? 간단하게 말해서 1차원이란 길이만 있는 선을 말합니다. 그리고 2차원의 물체는 넓이를 가진 면을 말하고 3차원의 물체는 부피를 가진 입체를 말합니다.

예를 들어 두 배의 길이 차이가 나는 두 직선을 생각해 봅시다. 하나는 길이가 1cm이고 다른 하나는 길이가 2cm라고 한다면 두 직선은 길이만 다를 뿐 닮은 모양이므로 두 직선의 길이의 비는 1 : 2가 됩니다.

그럼 이 두 직선들로 2차원의 면을 만들면 어떻게 될까요? 1cm인 직선 네 개로 정사각형을 만들면 넓이는 1cm²가 되고 2cm인 직선 네 개로 정사각형을 만들면 넓이는 4cm²가 됩니다.

그러므로 넓이의 비는 1 : 4가 되지요. 여기서 4는 바로 2의 제곱을 나타냅니다.

　그럼 3차원이 되면 어떻게 될까요? 이들 직선들로 정육면체를 만들어 봅시다. 길이가 1cm인 직선으로 정육면체를 만들면 부피는 1cm³가 되고 2cm인 직선으로 정육면체를 만들면 부피는 8cm³가 됩니다. 그러므로 부피의 비는 1 : 8이 됩니다. 여기서 8은 바로 2의 세제곱을 나타내는 것이지요.

# 약수에 관한 사건

284 친구

수끼리도 친한 친구가 있다고요?

디비전 시티에 사는 한약수 씨는 수학에 대한 연구로 많은 상과 상금을 받은 훌륭한 수학자이다. 그는 시내에 조그만 수학 사무실을 차려 놓고, 많은 제자들과 함께 약수에 대한 연구를 해 왔다. 한약수 씨는 평생 결혼을 하지 않고 혼자 살았기 때문에 가족이 없었고, 자신의 재산을 제자 중 한 사람에게 상속하고자 했다.

그런데 그의 수많은 제자들 중에는 그가 특별히 아끼는 두 명의 제자가 있었다. 한 명은 나누라였고, 다른 한 명은 고파라였다. 한약수 씨의 사랑을 독차지하기 위한 두 제자의 경쟁은 치열했으나 한약수 씨는 두 제자 가운데 나누라를 좀 더 아끼고 사랑했다.

그러던 어느 날, 한약수 씨가 갑자기 심장마비를 일으켜 연구실에서 쓰러졌고, 병원으로 옮겼지만 끝내 숨지고 말았다.

이후 한약수 씨의 변호사는 그의 연구실에서 유언장을 발견했는데 유언장의 내용은 다음과 같았다.

나의 모든 재산은 생일이 284의
친구인 제자에게 상속한다.

한약수 씨의 변호사는 태어나서 처음 접해 보는 신기한 유언장 때문에 당황스러웠다.

"도대체 누구에게 이 많은 유산을 상속한다는 거지?"

여러 가지 조사 끝에 변호사는 유산 상속자로서 적합한 사람은 나누라 씨와 고파라 씨 중 하나라는 것을 알아냈다. 그런데 고파라 씨의 생일은 2월 8일 4시였고, 나누라 씨의 생일은 2월 20일이었으므로 고파라 씨가 더욱 유리했다.

결국 변호사는 고민 끝에 한약수 씨의 유산 상속자로 고파라 씨를 결정했다. 그러나 나누라 씨는 스승님이 자신에게 유산을 상속하지 않았을 리가 없다면서 고파라 씨와 변호사를 수학법정에 고소했다.

친구수는 피타고라스 시대부터 알려졌지만
친구수가 무한히 존재하는지의 여부는 아직 밝혀지지 않았습니다.

<table>
<tr>
<td>

여기는
수학법정</td>
<td>한약수 씨의 진짜 유산 상속자는 누구일까요?
수학법정에서 알아봅시다.</td>
</tr>
</table>

🧓 재판을 시작하겠습니다. 피고 측 변론하세요.

😮 나누라 씨와 고파라 씨 두 사람과 관련된 정보 중에서 284와 관계 있는 데이터를 가진 사람은 2월 8일 4시에 태어난 고파라 씨입니다. 그러므로 한약수 씨의 변호사가 고파라 씨를 유산 상속자로 결정한 것은 무리가 없다고 생각합니다.

🧓 원고 측 변론하세요.

😃 약수 연구소의 왕나눔 박사를 증인으로 요청합니다.

  동그란 얼굴에 머리숱이 적은 40대의 남자가 증인석에 앉았다.

😃 약수 연구소는 무엇을 하는 곳이죠?

😆 이름 그대로 약수에 대해 연구하는 곳입니다.

😃 약수라면 주어진 수를 나누어떨어지게 하는 수 말인가요?

😆 그렇습니다. 예를 들어 2는 6의 약수이죠. 2는 6을 나누어떨어지게 하니까요.

알겠습니다. 그럼 이번 사건에 대해 어떻게 생각하십니까?

284의 친구는 284가 아닙니다.

그게 무슨 말이죠?

284의 친구는 220이라는 수를 나타냅니다.

좀 더 자세히 설명해 주시겠습니까?

**친구수**라는 게 있지요. 그러니까 어떤 두 수 A, B가 있는데 A의 자기 자신을 제외한 다른 약수들의 합이 B와 같고, B의 자기 자신을 제외한 다른 약수들의 합이 A와 같으면 두 수 A, B는 친구수라고 얘기합니다.

이해가 잘 안 되는데요?

284의 자기 자신을 제외한 약수들은 다음과 같습니다.

$$1, 2, 4, 71, 142$$

이것들을 모두 더하면

$$1 + 2 + 4 + 71 + 142 = 220$$

이 됩니다. 그런데 220의 자기 자신을 제외한 모든 약수들은

$$1, 2, 4, 5, 10, 11, 20, 22, 44, 55, 110$$

이 되고 이를 모두 더하면

$$1 + 2 + 4 + 5 + 10 + 11 + 20$$
$$+ \ 22 + 44 + 55 + 110 = 284$$

가 됩니다. 그러므로 284와 220은 친구수가 됩니다.

신기한 관계이군요. 수들이 서로 친구가 된다는 게 놀라울 따름입니다.

판결을 내리겠습니다. 한약수 씨의 유언장에는 284가 아닌 284의 친구에게 모든 유산을 남기겠다고 써 있었습니다. 여기서 284의 친구수는 220이고 이것은 나누라 씨의 생일인 2월 20일을 의미합니다. 따라서 이 두 가지 사실에 비추어 볼 때, 한약수 씨의 유산 상속자는 나누라 씨가 되는 것이 옳다고 판결합니다.

재판이 끝난 후 유산을 상속받은 나누라 씨는 동료인 고파라 씨에게 유산의 절반을 나누어 주었다.

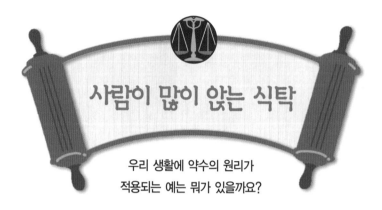

# 사람이 많이 앉는 식탁

우리 생활에 약수의 원리가
적용되는 예는 뭐가 있을까요?

**사건
속으로**

　소심해 씨는 디비전 시티에서 식당을 차릴 예정이었다. 소심해 씨가 차릴 식당의 위치가 학교 앞이었기 때문에 그는 식탁 전문 제조가인 안자라 씨에게 단체 손님이 앉기에 모자람이 없는, 그런 식탁을 주문했다.

　안자라 씨는 보통의 사람들과 다른 방법으로 식탁을 제조했다. 식탁은 보통 직사각형의 모양을 이루므로 주문한 사람이 필요한 대로 가로와 세로의 길이를 재어 만드는 것이 보통의 방식이었다. 하지만 안자라 씨는 한 변의 길이가 50센티미터인 정사각형의 식탁을 여러 개 만들어 놓고, 이 것들을 이어 붙여서 원하는 크기의 직사각형 식탁을 만드는 식이었다.

어느 날 소심해 씨가 안자라 씨의 가게에 들러 말했다.

"작은 상 20개를 붙여 사람이 가장 많이 앉을 수 있는 테이블을 만 들어 주세요."

안자라 씨는 속으로 생각했다.

'사람이 많이 앉으려면 정사각형에 가까워야겠지?'

그는 이렇게 중얼거리고는 가로 방향으로 다섯 개 세로 방향으로 네 개가 되도록 작은 책상들을 이어 붙였다. 그렇게 만들어진 책상은 다음 날 소심해 씨의 식당에 배달되었다.

다음 날. 소심해 씨의 식당에 40명의 학생들이 들이닥쳤다. 소심 해 씨는 학생들에게 앉으라고 했지만, 학생들이 상에 앉을 수 있는 최대 인원은 18명뿐이었다.

그러자 한 학생이 말했다.

"이 집은 안 되겠다. 밥을 서서 먹을 수는 없잖아?"

그러자 모두 식당에서 나가 버렸다.

소심해 씨는 이 일로 큰 상처를 받게 됐다.

"40명의 밥값이면…… 대체 얼마지?"

소심해 씨는 행여 일이 이렇게 된 것이 사람이 많이 앉을 수 없도 록 상을 만들어 준 안자라 씨 때문이 아닌가 하는 생각이 들어, 그를 수학법정에 고소했다.

약수란 어떤 수나 식을 나머지 없이 나눌 수 있는 수를
원래의 수나 식에 대하여 이르는 말입니다.

40명의 손님이 앉으려면 상을 어떻게 붙여야 할까요?
수학법정에서 알아봅시다.

수학짱 판사

예리수 검사

수치 변호사

매쓰 변호사

 재판을 시작합니다. 피고 측 변론하세요.

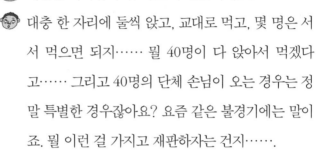 대충 한 자리에 둘씩 앉고, 교대로 먹고, 몇 명은 서서 먹으면 되지…… 뭘 40명이 다 앉아서 먹겠다고…… 그리고 40명의 단체 손님이 오는 경우는 정말 특별한 경우잖아요? 요즘 같은 불경기에는 말이죠. 뭘 이런 걸 가지고 재판하자는 건지…….

에고…… 정말 수치 변호사 때문에 미치겠군! 저 친구 도대체 변호사가 맞긴 맞아? 낙하산으로 들어온 거 아니야? 수학은 쪼끔이라도 알긴 아는 거야?

판사님, 그냥 내버려 두세요. 제가 변론할게요.

좋아요. 해 보세요.

저는 약수짱 연구소의 디비저 박사를 증인으로 요청합니다.

예리한 눈빛에 검은색 중절모를 쓴 신사가 증인석에 앉았다.

단도직입적으로 묻겠습니다. 20개의 상을 붙여 40

명이 앉을 수 있는 큰 상을 만들 수 있습니까?

있습니다.

어떤 원리죠?

약수의 원리입니다.

그게 무슨 말이죠?

이 문제는 20을 어떻게 두 수의 곱으로 나누는가를 찾는 문제입니다. 다음과 같은 경우가 있지요.

$$20 = 4 \times 5$$
$$20 = 2 \times 10$$
$$20 = 1 \times 20$$

여기서 맨 처음의 경우를 그림으로 그리면 다음과 같습니다.

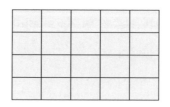

이때는 가로에 5명 세로에 4명이 앉을 수 있으므로, 상에 앉을 수 있는 전체 인원은 2 × (5 + 4) = 18(명)입니다.

이번에는 두 번째 경우를 보도록 하죠. 가로로 10개 세로로 2개를 붙이면 다음과 같이 됩니다.

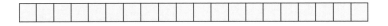

**이때는** 가로로 10명이 앉을 수 있고 세로로 2명이 앉을 수 있으므로, 상에 앉을 수 있는 전체 인원은 $2 \times (2 + 10) = 24$(명)이 됩니다.

이제 마지막 경우를 볼까요? 이것은 20개의 상을 한 줄로 모두 붙인 경우입니다.

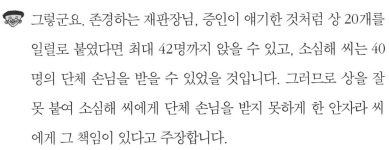

이때는 가로로 20명, 세로로 1명이 앉을 수 있으므로, 상에 앉을 수 있는 전체 인원은 $2 \times (1 + 20) = 42$(명)이 됩니다.

그렇군요. 존경하는 재판장님, 증인이 얘기한 것처럼 상 20개를 일렬로 붙였다면 최대 42명까지 앉을 수 있고, 소심해 씨는 40명의 단체 손님을 받을 수 있었을 것입니다. 그러므로 상을 잘못 붙여 소심해 씨에게 단체 손님을 받지 못하게 한 안자라 씨에게 그 책임이 있다고 주장합니다.

판결합니다. 약수의 신비로운 성질은 우리 생활 속에서 잘 응용할 수 있습니다. 우리가 작은 상을 붙여 큰 상을 만들 때도 수학적으로 생각한다면, 좀 더 편리하게 지낼 수 있습니다. 원고 측의 주장에 전적으로 동의합니다. 안자라 씨는 상을 잘못 붙여 단체 손님을 받지 못하게 한 책임을 지고 소심해 씨에게 40명이 앉을 수 있는 상을 만들어 주어야 합니다. 동시에 소심해 씨가 놓친 40명의 손님 대신 자신의 친구 40명을 소심해 씨의 식당으로 데려가는 것으로 이번 판결을 마무리 짓겠습니다.

재판 후 안자라 씨는 소심해 씨가 원하는 대로 다시 상을 만들어 주었고, 자신의 친구들 40명을 모아 소심해 씨의 식당에 찾아갔다. 안자라 씨의 성의에 고마움을 느낀 소심해 씨는 그의 친구들에게 무료로 음식을 대접했다.

# 소수의 공식

소수를 만드는 신비의 공식이
정말 있을까요?

프라임 시티 사람들은 소수를 좋아했다. 여기서 소수
란 0.3이나 0.67과 같이 소수점 아래에 숫자가 있는 수가
아니라, 1과 자기 자신만을 약수로 갖는 수를 말한다. 예
를 들어 2는 소수이다. 2의 약수는 1과 2뿐이기 때문이
다. 그러나 4는 소수가 아니다. 4의 약수는 1과 4 외에도
2라는 약수가 더 있기 때문에 소수가 아닌 것이다.

프라임 시티의 배루마 시장은 소수를 좋아하는 시민들
을 위해 소수를 찾을 수 있는 재미있는 공식을 발견한 사람에게는 1,000만 원의 상금을 주기로 했다.

많은 아마추어 수학자들은 상금을 타기 위해 며칠 동안 밤잠을 설쳐 가면서 공식을 찾았다. 마침내 이들 가운데 두 사람이 최종 후보에 올랐다. 한 사람은 프라임 대학 수학과 교수인 소수라 씨였고, 다른 한 사람은 소수 연구소장인 나소수 씨였다.

소수라 씨는 소수들의 곱에 1을 더하면 소수가 된다는 공식을 발표했다. 즉 다음과 같은 수들은 소수가 된다는 것이었다.

$$2 + 1$$
$$2 \times 3 + 1$$
$$2 \times 3 \times 5 + 1$$
$$2 \times 3 \times 5 \times 7 + 1$$
$$\vdots$$

즉 이런 식으로 소수들을 곱하고 그 결과에 1을 더하면 새로운 소수를 만들 수 있다는 것이었다.

그럼 나소수 씨는 어떤 공식을 찾아냈을까? 그가 찾아낸 공식은 소수라 씨의 공식보다도 훨씬 간단했다. 그는 3을 반복하고 맨 뒤에 7을 붙이면 소수가 된다고 말했다. 그의 연구에 의하면 다음과 같이 소수를 만들 수 있었다.

3

37

337

3337

$\vdots$

결국 두 사람이 발견한 규칙이 소수를 만들 수 있는 규칙인지 아닌지 수학법정에서 그 여부가 가려지게 되었다.

현재로서는 소수를 만드는 신비의 공식은 존재하지 않습니다.

소수라 씨와 나소수 씨의 공식 중 누구의 것이 옳을까요?
수학법정에서 알아봅시다.

수학짱 판사

예리수 검사

수치 변호사

매쓰 변호사

 재판을 시작합니다. 일단 이번 재판은 원고와 피고
가 없는 재판입니다. 먼저 소수라 측 변호사, 변론
하세요.

저는 소수에 대해서는 그야말로 '꽝' 입니다. 이런
어려운 재판도 제 체질에는 맞지 않고요. 그냥 소수
라 씨가 얘기하는 걸로 제 변론을 대신하지요.

점점 더 막가는군. 좋소! 소수라 씨, 얘기해 보세요.

제가 만든 공식은 완벽합니다. 즉 소수를 차례로 곱
한 다음 1을 더하면 무조건 소수가 된다는 거지요.
이보다 더 아름다운 공식은 아마 없을 거예요.

소수라 씨, 2부터 13까지의 소수를 곱하고 거기에
1을 더해 보세요.

간단하지요. 다음과 같아요.

$$2 \times 3 \times 5 \times 7 \times 11 \times 13 + 1 = 30{,}031$$

당신 주장대로라면 30,031은 소수겠지요?

물론입니다. 벌써 모양을 보세요. 어떤 수로 나누어

지게 생겼나……

🧑 과연 그럴까요?

매쓰 변호사는 야릇한 미소를 지으며 칠판에 다음과 같이 썼다.

$$30,031 = 59 \times 509$$

🧑 헉! 소수가 아니었잖아?

소수라 씨의 얼굴이 붉으락푸르락해졌다. 그리고 조용히 법정을
떠났다.

🧑 모두들 보셨지요? 소수라 씨의 공식에는 예외가 있었습니다.
따라서 이 공식은 소수를 만들어 내는 공식이 아니었습니다. 하
지만 나소수 씨의 공식은 완벽합니다. 저희들이 확인해 본 바로
는 말입니다. 공식은 또 얼마나 쉽습니까? 3과 7만 나타나니 말
입니다.

그때 갑자기 관객석에 있던 누군가가 질문을 요청했다. 그리고 판
사의 동의를 받아 발언권을 얻었다.

🧑 저는 곱셈 연구소의 이승적 소장입니다. 지금 매쓰 변호사님은

나소수 씨의 공식이 완벽하다고 주장하는데, 과연 그럴까요?

🧑 예외가 있다는 뜻입니까?

👨 물론입니다.

이승적 소장은 칠판에 다음과 같이 썼다.

$$3,333,337 = 7 \times 31 \times 15,361$$

🧑 아니 이럴 수가??

재판에 이겼다고 믿었던 매쓰 변호사와 나소수 씨의 눈이 휘둥그 레졌다.

👨 우리는 간단하게 소수를 만드는 공식을 찾은 것처럼 주장했지 만 지금까지 나온 공식들은 모두 완벽하지 못했습니다. 제가 공부한 바로 수학자 메르센느 씨의 소수 공식이 있었는데, 그 공식은 P가 소수일 때 $2^P - 1$은 소수가 된다는 것이었습니다. 하지만 이 공식 역시 완벽하지 못했습니다. P = 2, 3, 5, 7, 13, 17, 19인 경우는 소수가 되지만 P = 11이면 $2^{11} - 1 = 2,047 = 23 \times 89$가 되어 소수가 아니기 때문입니다. 저도 소 수 공식 을 찾고 있지만 아직 성공하지 못했습니다. 주제넘게

재판에 끼어들어 죄송합니다.

아닙니다. 이승적 소장님. 소수란 정말 신비롭군요. 이번 재판은 끝났습니다. 소수라 씨와 나소수 씨 두 사람 모두 예외 없는 완전한 소수 공식을 만드는 데는 실패했습니다. 그만큼 소수는 정말 신비로운 수입니다. 앞으로 과학공화국의 많은 수학자들이 연구해야 할 분야이기도 하고요. 저는 정부에 이승적 소장을 필두로 하는 소수 연구 프로젝트 팀의 설립을 건의해 볼 생각입니다.

재판이 끝난 후 판사는 정부의 수학 연구청에 소수 프로젝트 팀의 설립을 건의했고, 정부에서는 이승적 소장을 팀장으로 하는 프로젝트 팀을 구성했다. 이로써 과학공화국의 소수 연구는 활기를 띠게 되었다.

# 소수

어떤 수를 나누어떨어지게 하는 수를 그 수의 약수라고 합니다. 예를 들어 6은 2로 나누어떨어지므로 2는 6의 약수이지요. 그런데 약수의 개수가 단 두 개만 있는 그런 수들도 있습니다. 그것은 소수라고 부르는 수이지요.

- 소수: 1을 제외한 자연수 중에서 1과 그 자신만을 약수로 갖는 수.

예를 들어 7은 약수가 1과 7뿐이므로 소수이지만, 6의 약수는 1, 2, 3, 6으로 1과 자신 이외의 약수를 가지므로 소수가 아닙니다. 특이한 것은 짝수이면서 소수인 수는 2뿐이라는 것입니다.

### 소수 구하기

소수를 쉽게 찾아내는 방법이 있어요. 이것은 고대 그리스의 에라토스테네스라는 수학자가 처음 알아낸 방법이지요. 이 방법을 사용해 1부터 50까지의 소수를 모두 찾아볼까요?
다음과 같은 방법으로 하면 돼요.

(1) 1부터 50까지의 수를 모두 적는다.

| 1 | 2 | 3 | 4 | 5 | 6 | 7 | 8 | 9 | 10 |
|---|---|---|---|---|---|---|---|---|----|
| 11 | 12 | 13 | 14 | 15 | 16 | 17 | 18 | 19 | 20 |
| 21 | 22 | 23 | 24 | 25 | 26 | 27 | 28 | 29 | 30 |
| 31 | 32 | 33 | 34 | 35 | 36 | 37 | 38 | 39 | 40 |
| 41 | 42 | 43 | 44 | 45 | 46 | 47 | 48 | 49 | 50 |

(2) 1은 소수가 아니므로 지운다.

| | 2 | 3 | 4 | 5 | 6 | 7 | 8 | 9 | 10 |
|---|---|---|---|---|---|---|---|---|----|
| 11 | 12 | 13 | 14 | 15 | 16 | 17 | 18 | 19 | 20 |
| 21 | 22 | 23 | 24 | 25 | 26 | 27 | 28 | 29 | 30 |
| 31 | 32 | 33 | 34 | 35 | 36 | 37 | 38 | 39 | 40 |
| 41 | 42 | 43 | 44 | 45 | 46 | 47 | 48 | 49 | 50 |

소수가 아닌 자연수는 합성수라고 하며 합성수는 모두 소수의 곱으로 분해할 수 있습니다. 6 = 2 × 3의 소수의 곱으로 분해할 수 있으므로 합성수입니다.

(3) 소수 2를 남기고 2의 배수는 모두 지운다.

|     |     |     |     |     |
| --- | --- | --- | --- | --- |
| 2   | 3   | 5   | 7   | 9   |
| 11  | 13  | 15  | 17  | 19  |
| 21  | 23  | 25  | 27  | 29  |
| 31  | 33  | 35  | 37  | 39  |
| 41  | 43  | 45  | 47  | 49  |

(4) 소수 3을 남기고 3의 배수는 모두 지운다.

|     |     |     |     |     |
| --- | --- | --- | --- | --- |
| 2   | 3   | 5   | 7   |     |
| 11  | 13  |     | 17  | 19  |
|     | 23  | 25  |     | 29  |
| 31  |     | 35  | 37  |     |
| 41  | 43  |     | 47  | 49  |

(5) 소수 5를 남기고 5의 배수는 모두 지운다.

|     | 2  | 3  | 5  | 7  |    |
|-----|----|----|----|----|----|
| 11  |    | 13 |    | 17 | 19 |
|     |    | 23 |    |    | 29 |
| 31  |    |    |    | 37 |    |
| 41  |    | 43 |    | 47 | 49 |

(6) 소수 7을 남기고 7의 배수는 모두 지운다.

|     | 2  | 3  | 5  | 7  |    |
|-----|----|----|----|----|----|
| 11  |    | 13 |    | 17 | 19 |
|     |    | 23 |    |    | 29 |
| 31  |    |    |    | 37 |    |
| 41  |    | 43 |    | 47 |    |

(7) 이러한 일련의 방법으로 주어진 범위에 있는 소수를 모두 찾을 수 있다.

# 비율에 관한 사건

# 느리게 가는 시계

호텔의 시계 때문에 단체 관광을
하지 못했다면, 누구의 책임일까요?

**사건
속으로**

이관광 씨는 혼자서 여행 다니는 것을 무척 좋아했다.
조그만 회사를 경영하고 있는 그는 독신주의자였고, 나
이가 서른 살이 넘었지만 아직 사귀는 여자가 없었다.

그러던 어느 날, 홈쇼핑 여행 상품을 뒤적거리던 그가
푸어섬 관광 상품이 아주 저렴하게 소개되는 것을 보았다.

"그래! 이번 기회에 원시적 자연이 살아 숨 쉬는 푸어
섬을 여행하고 와야겠어."

이관광 씨는 당장 홈쇼핑으로 전화를 걸어 여행을 신

청했다.

그리고 드디어 그는 원시의 대초원과 바다가 펼쳐져 있는 푸어섬으로 여행을 떠났다. 푸어섬은 이관광 씨가 살고 있는 매쓰 시티에서 비행기로만 3시간 30분이 걸렸다.

푸어섬 공항에 도착한 이관광 씨는 버스를 타고 바닷가 오지 마을인 푸어리시트 마을에 도착했다. 관광 가이드는 이관광 씨를 호텔 방으로 안내했고 그에게 이렇게 말했다.

"잘 알아 두세요. 이 방의 시계는 1시간에 5분씩 늦게 간답니다. 지금이 저녁 여섯 시거든요. 일단 이 방의 시계를 오후 여섯 시로 맞춰 놓을게요."

이관광 씨는 너무나 피로한 나머지 가이드의 말을 귀담아듣지 않았다. 그는 침대에 누워 잠깐 눈을 붙이고 있었는데, 갑자기 전화벨 소리가 들렸다.

"원시인들이 춤을 추고, 작살로 물고기 사냥을 하는 것을 보시려면 내일 아침 6시에 호텔 로비로 오세요. 나오시는 분들만 모시고 가겠습니다."

가이드가 말했다.

"정말 재밌겠는데요? 제가 보고 싶었던 게 바로 그런 거였어요."

이관광 씨는 신나서 소리쳤다.

다음 날 아침, 그는 눈을 떠서 시계를 보았다. 시곗바늘은 정확히 5시를 가리키고 있었다.

"아직 1시간이나 남았잖아?"

이관광 씨는 샤워를 하고 신문을 보면서 한 시간을 보냈다. 그리고 6시 정각이 되어 로비로 내려갔다. 하지만 아무도 없었다.

"이 사람들은 대체 시간도 지킬 줄 모르고……."

이관광 씨는 투덜거렸다.

그러고서 그는 로비에서 3시간째 죽치고 앉아 있었다. 3시간이 흐른 뒤에야 가이드와 다른 관광객들이 한껏 즐거운 표정을 지으며 로비로 들어섰다.

이관광 씨는 가이드의 실수로 자신의 여행을 망쳐 놓았다면서 그를 수학법정에 고소했다.

난 한 시간에 5분씩 느리게 간다는 거 잊지 마. 경고했어!

짝!

짝!

우가!~

내일 원시인 쇼 기대된다.

함께 변화하는 두 양 또는 수에 있어서 한쪽이 2배, 3배……로 되면,
다른 한쪽도 2배, 3배……로 될 때 이 두 양은 비례 또는 정비례한다고 말합니다.

이관광 씨는 왜 여행을 못 갔을까요?
수학법정에서 알아봅시다.

수학짱 판사

예리수 검사

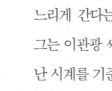
수치 변호사

매쓰 변호사

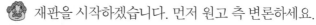 재판을 시작하겠습니다. 먼저 원고 측 변론하세요.

 로마에 가면 로마법을 따르라는 말이 있습니다.

 뜬금없이 그게 무슨 말이요?

가이드는 이관광 씨 방의 시계가 한 시간에 5분씩
느리게 간다는 사실을 알고 있었습니다. 그렇다면
그는 이관광 씨에게 실제 모이는 시각이 아닌 고장
난 시계를 기준으로 한 시각을 말해 줬어야 합니다.
하지만 가이드가 얘기한 오전 6시는 실제 시간이었
고, 이관광 씨는 방 안의 시계를 보고 착각을 일으
켜 여행을 가지 못 하게 된 것입니다. 그러므로 가
이드는 이번 사건에 책임을 지고, 이관광 씨가 그
코스 여행을 할 수 있도록 조치를 취해야 한다고 생
각합니다.

피고 측 변론하세요.

서로 다르게 가는 시계가 있을 때는 반드시 기준이
필요한데 그 기준은 정확한 시간이어야 합니다. 관
광객들 중에는 호텔 방의 시계가 아닌 본인의 손목
시계를 보는 사람도 있고, 휴대폰 시계를 보는 사람

들도 있습니다. 모든 사람들이 고장 난 시계를 보는 것이 아니
므로 가이드는 오전 6시라는 정확한 시간을 이관광 씨에게 알
려 주었던 것입니다.

그렇다면 이관광 씨는 고장 난 시계를 보고 어떻게 정확한 시간
을 알 수 있죠?

그건 간단합니다. 다음과 같이 표를 만들어서 비교해 보면 됩
니다.

| 정확한 시간 | 고장 난 시계의 시간 |
|---|---|
| 6:00 | 6:00 |
| 7:00 | 6:55 |
| 8:00 | 7:50 |
| 9:00 | 8:45 |
| 10:00 | 9:40 |
| 11:00 | 10:35 |
| 12:00 | 11:30 |
| 1:00 | 12:25 |
| 2:00 | 1:20 |
| 3:00 | 2:15 |
| 4:00 | 3:10 |
| 5:00 | 4:05 |
| 6:00 | 5:00 |

보시는 것처럼 고장 난 시계의 오전 5시는 정확한 시계로 오전 6

시를 나타냅니다. 이 정도의 표를 만드는 것은 누구나 할 수 있는 일입니다. 이관광 씨가 조금만 세심했다면 고장 난 시계가 5시를 가리킬 때, 서둘러 로비로 내려갈 수 있었다고 생각합니다.

판결하겠습니다. 이 문제는 원고 측 변호사의 말처럼 비례식을 이용하여 원래의 시각을 알 수 있는 문제입니다. 내 생각으로는 굳이 표를 만들지 않더라도 고장 난 시계가 저녁 6시부터 아침 5시까지 11시간이 지났다는 것을 안다면, 한 시간에 5분씩 느리게 가는 고장 난 시계의 55분은 정확한 시계의 한 시간을 의미하고, 11시간을 55분으로 나누면 12가 되어 정확한 시계로는 12시간이 흘렀다는 것을 알 수 있게 됩니다. 그리하여 고장 난 시계의 오전 5시는 정확한 시계의 오전 6시라는 것쯤은 쉽게 알아차릴 수 있습니다. 따라서 이번 사건은 수학의 비례식을 이용하여 실제 시간을 계산하지 못한, 원고 이관광 씨에게 그 책임이 있다고 할 수 있습니다. 피고인 가이드에게는 책임이 없는 것으로 판결합니다.

그 후 이관광 씨는 여행지에서 느리게 가는 시계를 만날 것에 대비해 비례식을 이용해 정확한 시간을 계산하는 방법을 연구했다.

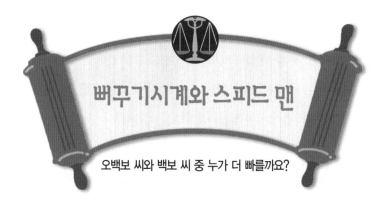

## 뻐꾸기시계와 스피드 맨

오백보 씨와 백보 씨 중 누가 더 빠를까요?

**사건
속으로**

　과학공화국 사람들에게 가장 인기 있는 스포츠는 육상
이었다. 그 이유는 '속력' 이라는 단어가 수학과 물리학에
서 자주 나오는 용어였기 때문이다.

　과학공화국 사람들은 특히 총알처럼 빠른 사나이를
가르는 100미터 달리기와 50미터 달리기에 매료되었다.
때문에 이들 종목의 기록 보유자가 국민들에게는 영웅이
었다.

　이들 중에서도 50미터 달리기에서 10연패한 오백보

씨와 100미터 달리기에서 10연패한 백보 씨가 가장 인기가 많았다. 사람들은 두 사람 가운데 누가 더 빠른지 궁금했다. 하지만 두 사람은 각각 종목이 달라 한 대회에서 마주칠 기회가 없었다.

그러던 어느 날, 100미터 달리기 대회에서 11연패를 한 백보 씨가 기자들과의 인터뷰에서 이렇게 말했다.

"나는 이 세상에서 가장 빠른 사나이입니다. 오백보? 그 친구는 내가 뛰는 거리의 절반만 달리는 친구이니 나에게는 못 당하지요."

이 얘기를 들은 오백보 씨는 분을 참지 못했다. 그는 백보 씨에게 당장 기자들을 불러 달리기 시합을 하자고 제안했다. 그리하여 과학 공화국 최고의 두 스피드 맨 간에 세기의 격돌이 벌어지게 되었다.

두 사람은 각각 자신의 주종목 거리를 뛰기로 했다. 그리고 거리를 시간으로 나눈 속력을 비교하여 '왕중왕'을 가리자는 데 동의했다. 많은 관중들이 육상 스타디움에 모였다. 그런데 이때 정전으로 인해 모든 시계가 고장이 나고 말았다

그리하여 주최 측은 어쩔 수 없이 1초에 한 번, 규칙적으로 울리는 장난감 뻐꾸기를 사용하여 두 사람이 달린 시간을 재기로 결정했다.

백보 씨가 먼저 뻐꾹 소리와 함께 출발했다. 그가 100미터 지점을 통과하는 순간, 10번째 뻐꾹 소리가 울렸다.

다음은 오백보 씨의 차례였다. 역시 뻐꾹 소리와 함께 출발한 오백보 씨는 다섯 번째 뻐꾹 소리가 울리는 순간, 50미터 지점을 통과했다.

결국 주최 측은 두 사람의 무승부를 선언했다. 이리하여 과학공화국의 스피드 왕은 오백보 씨와 백보 씨, 이 두 사람으로 결정되는 듯했다. 그런데 비율에 대해 연구하는 이비례 박사는 오백보 씨가 더 빨랐다면서 새로운 주장을 제기했다. 그는 육상 협회가 잘못된 판정을 했다며 육상 협회를 수학법정에 고소했다.

같은 시간 동안 더 긴 거리를 달린 사람이 속력이 더 빠른 사람입니다.

| | |
|---|---|
| **여기는** **수학법정** | 오백보 씨와 백보 씨 가운데 누가 더 빨랐을까요? 수학법정에서 알아봅시다. |

수학짱 판사

예리수 검사

수치 변호사

매쓰 변호사

재판을 시작하겠습니다. 먼저 피고 측 변호사 변론하세요.

뻐꾸기는 1초에 한 번씩 웁니다. 그런데 백보 씨가 100미터를 뛸 때는 열 번 울었고, 오백보 씨가 50미터를 뛸 때는 5번 울었습니다. 그러니까 두 사람의 속력이 같은 게 아닙니까? 이비례 박사가 실수한 거지요. 근데 그 사람 수학 박사 맞나요? 이렇게 간단한 계산도 틀리니…… 나 원 참!!

원고 측 변론하세요.

원고인 이비례 박사를 증인으로 요청합니다.

얼굴과 몸, 다리가 안정된 비율로 이루어져 있는 30대의 몸짱 사나이가 증인석에 앉았다.

증인은 비와 비율에 대한 수학을 전공했지요?

네. 그렇습니다.

그런데 이번 달리기 대회에서 오백보 씨가 더 빨랐다고 주장하는 근거는 뭐죠?

그야 물론 수학입니다. 백보 씨는 첫 뻐꾹 소리가 들리는 순간 달리기 시작하여 100미터에 골인하는 순간 열 번째 뻐꾹 소리가 울렸습니다. 그러니까 뻐꾹 소리가 울린 경우를 ●로 나타내면 다음 그림과 같습니다.

● ● ● ● ● ● ● ● ● ●

간격이 몇 개지요?

9개가 되는군요.

그렇습니다. 첫 번째 뻐꾹이 울 때부터 열 번째 뻐국이 울렸을 때까지의 시간은 바로 9초가 됩니다. 즉 백보 씨는 9초 동안 100미터를 달린 것이지요. 그렇다면 백보 씨의 속력은 100미터를 9초로 나눈 값이 되는데 이 값은 11.111……이므로 백보 씨는 1초에 11.111……미터를 달린 셈입니다.

그럼 오백보 씨는요?

오백보 씨는 다섯 번째 뻐꾹이 울린 순간에 결승점을 통과했습니다. 그러므로 첫 번째 뻐꾹이 울 때부터 다섯 번째 뻐국이 울렸을 때까지의 시간은 4초가 됩니다. 즉 오백보 씨는 4초 동안 50미터를 달린 것이지요. 그렇다면 오백보 씨의 속력은 50미터를 4초로 나눈 값이 되는데 이 값은 11.25이므로 오백보 씨는 1초에 11.25미터를 달린 셈입니다.

아하! 그렇군요. 같은 1초 동안에 더 긴 거리를 달린 사람이 속력이 더 큰 사람이므로, 오백보 씨가 백보 씨보다 빠르다는 것이 본 변호사의 생각입니다.

판결합니다. 속력은 이동 거리를 이동 시간으로 나눈 값입니다. 이번 대회에서는 시계 대신 뻐꾸기 소리로 두 사람의 속력을 측정했는데 그 시간을 계산하는 데 있어 육상 협회는 결정적인 오류를 범했으므로 이번 사건의 책임은 육상 협회에 있다고 판결합니다.

재판 후 육상 협회는 신문에 사과문과 함께 과학공화국에서 제일 빠른 사람이 오백보 씨라는 기사를 실었다.

# 정비례

두 개의 양 사이에 하나의 양이 1배, 2배, 3배……로 변하면 나머지 하나의 양도 1배, 2배, 3배……로 변할 때, 두 양은 정비례한다고 합니다.

예를 들어 볼까요? 여러분이 비디오 대여점에 갔다고 해 보죠. 만일 여러분이 비디오를 1개 빌리는 데 1,000원이면 2개 빌리는 데는 2,000원이고, 3개 빌리는 데는 3,000원이 됩니다.

$$1,000원 = 1,000 \times 1$$
$$2,000원 = 1,000 \times 2$$
$$3,000원 = 1,000 \times 3$$

이것을 표로 만들면 다음과 같습니다.

| 비디오의 개수(개) | 1개 | 2개 | 3개 |
|---|---|---|---|
| 금액(원) | 1,000원 | 2,000원 | 3,000원 |

비디오의 개수가 1배, 2배, 3배로 늘어나면 비디오 대여 금

액도 1,000원의 1배, 2배, 3배로 늘어나지요? 그러므로 여러분이 대여하는 비디오의 개수와 비디오 대여 금액은 정비례합니다.

네가 빌려 가는 개수에 비례해서 아저씨는 돈이 쌓인단다. 많이 빌려라.

비디오 개수에 비례한 돈 여기 있어요.

대여료 1000원

# 반비례

두 개의 양 사이에 하나의 양이 1배, 2배, 3배……로 변하면 나머지 하나의 양도 1배, $\frac{1}{2}$배, $\frac{1}{3}$배……로 변할 때, 두 양은 반비례 관계에 있다고 말합니다.

즉 반비례하는 두 양에 대해서는 한쪽이 커지면 다른 한쪽이 작아지지요.

예를 들어 60L의 우유를 여러 명이 똑같이 나누어 마신다고 해 보죠.

한 명이 마시면 60L를 먹습니다. 2명이 마시면 $\frac{60}{2}$ = 30이므로 30L씩 마시게 됩니다. 3명이 마시면 $\frac{60}{3}$ = 20L씩, 4명이면 $\frac{60}{4}$ = 15L씩 마시게 되지요. 이것을 표로 만들면 다음과 같습니다.

| 사람수(명) | 1명 | 2명 | 3명 | 4명 |
|---|---|---|---|---|
| 한 사람이 마시는 우유양(L) | 60L | $\frac{60}{2}$L | $\frac{60}{3}$L | $\frac{60}{4}$L |

그러니까 우유를 나눠 마시는 사람의 수가 1배, 2배, 3

배……로 변하면 한 사람이 먹는 우유의 양은 1배, $\frac{1}{2}$배, $\frac{1}{3}$배 ……로 변하게 되지요? 따라서 우유를 마시는 사람의 수와 한 사람이 마시는 우유의 양은 반비례합니다.

반비례 관계란 한쪽의 양이 커질 때 다른 쪽 양이
그와 같은 비로 작아지는 관계를 말합니다.

# 속력

주위를 둘러보면 모든 것들이 움직이고 있습니다. 물체가 운동을 하면 물체의 위치는 시간에 따라 달라집니다. 이때 물체가 운동한 시간 동안 얼마의 거리를 움직였는가를 나타내는 양이 바로 속력입니다. 속력은 다음과 같이 정의되지요.

예를 들어 200미터(m)를 25초(s)에 달린 사람의 속력은 이동 거리가 200m이고 걸린 시간이 25s이므로 $\frac{200}{25} = 8\,(\mathrm{m/s})$ 입니다. 여기서 m/s는 속력의 단위로, 거리의 단위 m를 시간의 단위 s로 나눈 것입니다.

속력을 정의할 때 이동 거리를 이동 시간으로 나누는 이유는 뭘까요?

만약 에릭 군은 100m를 10s에 뛰었고 하니 양은 200m를 25s에 뛰었다고 합시다. 누가 더 빠를까요? 두 사람이 뛴 거리가 서로 다르므로 걸린 시간만으로 비교할 수는 없습니다.

공평하게 비교하려면 두 사람이 같은 시간 동안 간 거리를 비교해야 합니다. 두 사람이 1s 동안 움직인 거리를 비교해 봅시다.

$$\text{에릭} \;\rightarrow\; 100\text{m} : 10\text{s} = \square\,\text{m} : 1\text{s} \quad \therefore \; \square = 10$$

$$\text{하니} \;\rightarrow\; 200\text{m} : 25\text{s} = \square\,\text{m} : 1\text{s} \quad \therefore \; \square = 8$$

　에릭 군은 1s에 10m를 이동했고, 하니 양은 1s에 8m를 이동했습니다. 같은 시간(1s) 동안 에릭 군이 하니 양보다 더 긴 거리를 이동했으니까 에릭 군이 더 빠르지요? 여기서 10과 8은 어떻게 해서 나온 걸까요?

$$\text{에릭 군의 속력} : 10 = \frac{100}{10}\,(\text{m/s})$$

$$\text{하니 양의 속력} : 8 = \frac{200}{25}\,(\text{m/s})$$

　이동 거리를 이동 시간으로 나눈 것입니다. 그리고 이것을 속력이라고 합니다. 즉 여기에서의 10과 8은 두 사람이 달린 속력이라고 할 수 있는 것이지요. 이제 왜 이동 거리를 이동 시간으로 나눠서 속력을 정의하는지 알겠지요?

# 수학과 친해지세요

이 책을 쓰면서 좀 고민이 되었습니다. 과연 누구를 위해 이 책을 쓸 것인지 난감했거든요. 처음에는 대학생과 성인을 대상으로 쓰려고 했습니다. 그러다 생각을 바꾸었습니다. 수학과 관련된 생활 속의 사건이 초등학생과 중학생에게도 흥미가 있을 거라는 생각에서였지요.

초등학생과 중학생은 앞으로 우리나라가 21세기 선진국으로 발전하기 위해 필요로 하는 과학 꿈나무들입니다. 그리고 지금과 같은 과학의 시대에 가장 큰 기여를 하게 될 과목이 바로 수학입니다.

하지만 지금의 수학 교육은 논리보다는 단순히 기계적으로 공식을 외워 문제를 푸는 풍토가 성행하고 있습니다.

저는 부족하지만 생활 속의 수학을 학생 여러분들의 눈높이에 맞추고 싶었습니다. 수학은 먼 곳에 있는 것이 아니라 우리 주변에 있다는 것을 알리고 싶었습니다. 이것이 바로 제가 이 책을 쓰게 된 계기가 되었습니다.

이 책을 읽고 수학의 매력에 푹 빠져 언제나 수학에 대한 궁금증을 가지고 살아갔으면 하는 것이 저의 바람입니다.